BOTANICAL CURSES AND POISONS

詛咒與毒殺
植物的黑歷史
THE SHADOW-LIVES OF PLANTS

菲絲·印克萊特（FEZ INKWRIGHT） 著
杜蘊慧 譯

給基特，

謝謝你和我分享對美麗及恐怖的熱情，沒有你的支持和耐性，這本書（和我的生命）只能完滿一半。

目錄

汝為命運、機會、王者及絕望人之奴，

與毒藥、戰爭及疾病共存；

罌粟或符誌亦可令吾等入睡

尤勝汝之一擊；汝為何尚驕矜至此？

短暫睡眠後，吾等將永世醒來，

不再有死亡；死亡，汝必亡滅。

———約翰・多恩（John Donne），

《死亡切莫驕矜》（*Death Not Be Proud*）

前言

「如果妳從標了『毒藥』的瓶子裡喝多了，我幾乎可以肯定地說，瓶裡
的液體遲早要害妳遭殃。」
—— 路易斯・卡洛爾（Lewis Carroll），
《愛麗絲夢遊仙境》（*Alice in Wonderland*）

　　毫無疑問，人類物種的進化與和我們共享地球的植物密切交織在一
起。作為食物，植物增強我們的力量，帶我們度過貧窮和饑荒。作為材料，
它們讓我們有衣服可穿，建造棲身之所。作為醫藥，它們幫助我們擺脫疾
病和不適，並且在我們死後長在我們的墳頭。早期的宗教、傳說和神話中，
植物在塑造我們與神和環境之間的互動扮演了核心角色。

　　然而並非所有植物都能與我們成為朋友。成長過程中，所有的孩子都
受到警告，關於會刺人的、會黏人的，還有不應該放進嘴裡的植物。就是
這些意想不到的隱藏危險，以及天真地以為植物不會傷害人類的想法，使
得植物從有歷史以來就擄獲了我們的想像力。莎士比亞的許多作品都有植
物中毒的黑暗情節，包括《哈姆雷特》、《羅密歐與茱麗葉》、《安東尼
與克麗奧佩脫拉》。古希臘人亦同，他們的夜晚充滿美蒂亞和傑森的故事：

女巫美蒂亞以對草藥和魔法的認識，幫助傑森獲取金羊毛；赫拉克勒斯和涅索斯的故事也是如此，赫拉克勒斯由於詭計和浸了毒的長袍而死。在英國的阿尼克城堡（Alnwick Castle），諾森伯蘭公爵夫人深受義大利梅迪奇毒藥草花園之旅的啟發，也打造了一座自己的毒物花園，種植了能索命而非治癒的植物，花園裡所有的收藏都必須符合一個要求：背後要有精采的故事，足夠讓它被納入花園。

在面對花園裡的危險時，我們總是喜歡想像自己知道所有常見的嫌疑犯。顛茄、烏頭（*Aconitum napellus*）、蕁麻。它們大部分的通名便足以警告我們保持距離，例如錫葉（毒莓，baneberry）、印第安蕁麻（毒犬草，dogbane）、莨菪（毒雞草，henbane）和毒鵝膏菌（死帽菇，dead cap mushroom）。有些植物出於其毒性，往往與基督教傳說中的惡魔連結在一起；常見的名字如惡魔齒、黑人的眼睛（黑色的人是民間對魔鬼的稱呼），或魔鬼的爪、魔鬼的線、魔鬼的蠟燭、魔鬼的手指……只要那棵植物不巧地看起來很像某些物體。

不過並非所有植物的惡毒都如此明目張膽，這些隱藏的危險可以使它們看似名聲較好的表親。許多園丁都在用車輛運輸剪下的月桂樹枝條時，被車裡累積的月桂樹氰化物揮發氣體毒害；就連狀甚無辜的兩種常見的農作物食品馬鈴薯和番茄，都會引起嚴重的疾病。我們在日常生活中遇到的許多植物或多或少都具有毒性，或有某些害處。在大約兩萬種原生於美國或在美國馴化的種子植物裡，我們已知大約有七百種具有毒性，這個數字在世界其他地方還要更高。

也許堅持接觸可以致死的植物是我們人類的錯。植物之所以會演化出這些有毒成分，是因為必須防止遭食用，人類卻照吃不誤；並且開發出更新和更精細的食用方法，避免為了阻止我們食用而產生的不適效果。例如，許多受歡迎的澱粉根系植物含有氰苷，食用前必須先將根塊浸泡之後瀝乾，然後再次浸泡，於數天內重複多次再磨成粉，否則就有可能致命。我們甚至根本不在食用之前先行處理某些植物：許多人大口吃辣椒，甚至享受那股灼熱的感覺，渾然不知辣椒是致命的顛茄近親。有毒動物和昆蟲有鮮豔的顏色來警告掠食者自己是危險的生物，但許多植物卻仰賴於苦味或刺痛感。對於反應太遲鈍的人來說，毒藥是更有效的──通常也是更一勞永逸的解決方案。

但是有毒並不總是意味著致命。有毒植物的正式定義是「其含有的物質能夠造成不同程度的不適和有害的物理性或化學性影響，甚至導致死亡，當人類和動物食用或以其他方式接觸時能夠造成危害」。[1]並非本書中所有植物天生就是毒物，但是它們為了確保自己的生存，已經

1　伊麗莎白・麥克林托克（Elizabeth McClintock）和湯瑪斯・富勒（Thomas Fuller）著，《加州的有毒植物》（*Poisonous Plants of California*）。

進化出其他邪惡的手段。你會看見其中有南歐白蘚（*Dictamnus albus*），能為自己創造出高度易燃的氣層，引發野火進而燒光競爭對手；榕樹會先寄於其他樹木上開始生長，然後將宿主徹底扼死，只剩下空殼。

此外也有不幸的、被詛咒的和悲傷的植物世界；那些外表無害，但在整個人類歷史中都與山怪、幽靈、謀殺、惡靈，甚至是魔鬼本人連結在一起。畢竟誰不喜歡精采的鬼故事或無解的謀殺案？植物與自然之間的關係是漫長而且糾結的，而我們對地球糧食的依賴，以及對地球潛在危險的恐懼，仍然是一種強烈的、出於本能的召喚。數世紀以來，我們教孩子們認識「仙女」蘑菇圈的危險，流行文化中甚至還有人物以意想不到的方式與這些警告相聯繫：例如莎士比亞著名的角色帕克（Puck）就是根據「真正的」仙女之王命名，他的名字源自古英語「pogge」，意為毒菇。

森林、老樹和沼澤地可能有其駭人之處，世界各地之所以有這許多虛構生物，正解釋地球野性的一面在我們心裡激起的不安感。印度的布塔（Bhuta）是不安分的幽靈，住在樹上等待附身毫無警覺的人們。席爾丁（Siltim）是出沒於今日伊朗的波斯森林裡的類似生物。一句古老的俄羅斯諺語聲稱「所有的老樹都會生出貓頭鷹或魔鬼」；在德國，數世紀以來人們的主要生計都仰賴農業，從播種和收穫為題的日曆和儀式衍生出收穫地精和精靈，能幫助或干擾農民的生活。在這幾十個傳說角色裡有春天的田野惡魔愛波拉克瑟（Aprilockse），大麥狼格恩斯沃夫（Gernstenwolf），田野裡的草狼（Graswolf），偷竊玉米收成的惡魔恩

內巴克（Ernetbock），還有將枯萎病帶給儲存在穀倉裡乾草堆的禾卡茲（Heukatze）和禾普德（Heupudel）。

雖然談論惡魔和妖精會讓人聯想到更野蠻原始的世界，許多這些故事和其中的智慧仍然延續至一九〇〇年代，甚至仍以某些形式存在於我們今日的生活中。畢竟在很多國的常識裡，朝肩膀後方撒鹽會保護你免受魔鬼的傷害；向落單的喜鵲敬禮能趨避厄運。也許這些做法看起來很古怪，但是我們的文化構成來自農民和鄉野傳說，幾個世紀以來的迷信很難完全擺脫。在一八〇〇年代末和一九〇〇年代初，對民間傳說的學術興趣重新抬頭，特別是在不列顛群島，記錄當地信仰的書籍和期刊開始被認真研究，並大幅刊印發表。儘管這些做法讓人們深入了解當時的鄉村生活，但是由於內容直接採集於當地人，而不是學者，因此許多收集來的故事具有相當奇幻的魔法色彩。由於這些原因，讀者應該以保留態度看本書中的一些故事——以及關於德魯伊（Druid）和異教徒的篇章。

雖然時至今日，德魯伊教仍然以精神運動的形式存在，古老文獻裡特別是關於當地傳說和神祕學的討論，在提到德魯伊時通常是誇大且失準。歷史上的德魯伊是海島凱爾特（Insular Celtic，不列顛群島範疇內）宗教的一部分，教徒多分布在涵蓋大部分歐洲、歷史悠久的高盧地區。德魯伊身兼教師、科學家、哲學家，最重要的是教士身分，但圍繞著他們的神祕主義和力量啟發了數百個故事，大部分出於戲劇效

果而加油添醋。所以雖然黃金鐮刀和獻祭白公牛可能成就精采的故事，我們卻必須記住這些訛傳可能是基於將「德魯伊教」視為魔法咒術的浪漫想法，並不完全符合歷史準確性。

同樣道理也適用於一言以蔽之的術語「異教」，它因為早期基督徒對魔法和惡魔崇拜的恐懼而傳播開來，特別是在一五〇〇年代的女巫審判期間。「異教徒」一詞的起源，是古羅馬基督徒對持續崇拜傳統神靈而不擁抱教會的農人們的侮辱，實際上從來都不是獨立的宗教身分；但是無論如何，卻也鬆散地定義出遍行於古代和中世紀歐洲的宗教信仰體系和生活方式。

雖然大多數民間故事多多少少有其不準確或誇大之處，宗旨仍然在於警告粗心的人們：別在夜晚進入森林；別和陌生人說話；尊重你居住的土地；善待土地，你必會得到回報。我們對地球提供的糧食有不可否認的依賴，許多早期的信仰體系將植物高度神聖化，甚至構成了人們生計的核心。因此，世界各地自然而然有豐富的故事述說人與自然的關係；許多故事透過口頭和書面方式倖存下來，描述了當時人們生活的關鍵真相、他們重視什麼，以及他們如何生活。民俗學家克莉絲汀娜・霍爾（Christina Hole）完美地概括描述出這個概念來：

對於渴望了解一個民族的人民特質和歷史的人來說，民間傳說永遠是極為重要的課題。

這本書便彙集了這些故事的一小部分。

免責聲明

本書僅為提供訊息和娛樂目的而編寫。

它不能作為醫療建議的來源,插圖也不應作為鑑定的準確參考。在使用植物性

藥物之前,請諮詢專業醫護人員。

……我們不滿足於天然毒藥，並且自己嘗試許多調合和人工合成物質，甚至親手製造。你對此有何看法？人類不就是天生的毒藥？世界上那些誹謗者和背後中傷者，他們除了像可怕的蛇那般自黑色的舌頭發射毒藥之外，還會做什麼？

——老普林尼（Pliny）《博物誌》（*Natural Histories*）

下毒的歷史

早在槍枝、炸彈、砷及汞之類有毒化學元素流行之前，想要永久除去問題，最簡單方法就是利用大自然提供的物質。從埃及艷后克麗奧佩脫拉的毒蛇，到亞歷山大大帝和羅馬皇帝奧古斯都的死亡，自然界一直為我們設計的致命武器提供材料。儘管歷史充滿了戰爭和暗殺的故事，但許多最迷人、最令人難忘的謀殺案都來自毒殺。用正確的毒藥配上正確的方法打發麻煩的對手（甚至是配偶或父母！）曾經是非常寶貴的技能。

人類這個物種歷來擅長謀殺的藝術，特別是用於追求權力和個人利益。在早期的歷史中有一些未破解的中毒案例，甚至出現在基督教聖經的舊約中，關於西元前一五九年大祭司阿爾希民（Alkimos）的死亡（據說是中風）。《七十士譯本》（*Septuagint*，現有最早的通用希臘語聖經譯本）裡描述了典型的中風症狀：昏厥和失語，隨後迅速死亡。但是也記錄大祭司在臨終前遭受極大的痛楚；這對中風患者來說並不尋常，但與烏頭所含有的烏頭鹼中毒症狀非常相似。烏頭在當時不僅是常見且容易栽植的毒物，而且阿爾希民在死前由於批准了耶路撒冷聖殿的建設工作而失去人心，他周圍的許多人認為這是具褻瀆意味的工程。即使人們仍然普遍認為他的死是神的懲罰，學者卻開始懷疑，他巧合的死亡時機牽涉更多凡人之手。

諸君務必記得，中毒總是被隱蔽而且蓄意的。它並非突如其來的激情或衝動導致的犯罪。它是必須仔細計劃的犯罪。

極著名的早期中毒事件之一，是西元三九九年的蘇格拉底之死，執行死刑使用的毒物為毒參。蘇格拉底被指控腐化雅典的青年，而且拒絕承認國家的神，這位著名哲學家和他反民主的作風，被認為影響了兩名企圖推翻雅典政府的學生，並導致兩段短暫但充滿暴動的時期，數以千計的公民因而被驅逐出城邦或迅速處死，以重整城邦內的民主法律。

經過十二小時你來我往的審判過程，陪審團最後決定蘇格拉底必須為參與煽動騷亂而死，而且得自我了斷。他必須喝下一杯毒參汁，待它毒性發揮而亡。對於這個過程，最好的描述來自他的學生柏拉圖，在〈斐多篇〉（*Phaedo*）裡詳細討論了蘇格拉底的死亡和靈魂不朽的主題：

當他看到那人（劊子手）時，蘇格拉底說：「好吧，我的朋友，你是這方面的專家：我必須做什麼？」

「喝下去就是了，」他說，「然後四處走動，直到你的腿變得沉重；然後躺下，它會自行發作。」接著他把杯子遞給蘇格拉底。

……

他（蘇格拉底）四處走動，當

他說他感到腿變得沉重時，便仰臥下來——正如那個人告訴他的——然後該名男子，也就是給他毒藥的人，摸了摸他，檢查他的腳和腿；又用力捏了捏他的腳，問他能不能感覺到，蘇格拉底說沒有感覺。在那之後，男子再次觸摸蘇格拉底的脛。並以同樣方式向上移動，告訴我們蘇格拉底正漸漸變得冰冷麻木。男子繼續觸摸他，說當寒冷到達他的心臟時，他就會死亡。

　　到了此時，寒意已經到達他的腹部區域，他揭開臉上的布——因為臉原本已經被蓋住——然後說：這確實是他的最後一句話：「克里托，」他說，「我們還欠阿斯克勒庇俄斯一隻公雞，請償還債務，別不管它。」

　　「一定會辦好，」克里托說，「您還有什麼要說的嗎？」

　　他沒回答這個問題，但過了一會兒，他動了動，當男子揭開他臉上的布時，他的眼睛直勾勾的；克里托看到這情景，閉上了嘴，也閉上了眼睛。

　　埃克格拉底，我們的同伴就這麼走了。」
　　——〈斐多篇〉，柏拉圖著，大衛‧加洛普（David Gallop）譯

　　在蘇格拉底的時代，用毒物是流行的暗殺手段。這個便捷的方式能夠剷除政治對手、不中意的配偶或繼子，甚至為了確保早日繼承財產而除去年邁的父母。有毒植物如烏頭、秋水仙、莨菪、毒茄蔘、藜蘆、罌粟和紅豆杉，很容易取自於大多數的花園或生長在野外，毒物不僅方便也很便宜，容易取得。

　　羅馬第一次記錄在案的大規模中毒事件發生於西元前三一一年。雖然大量的死亡數字在一開始都被當成流行病案例，但一名女奴將訊息傳遞給民選官員，表示致死的毒藥是由數位羅馬婦女準備發放的，經過調查，大約二十位婦女（大多是最富有的地主階級）正在混合毒物時被抓個正著。

她們聲稱這些混合物無害，因此被迫喝下混合物以證明自己的清白，而且很快就死了。在之後的調查中，另有一百七十多人被判犯有同樣罪行並遭處決。[2]

大約一百五十年後，西元前一八四年，又有另一起與崇拜神靈有關的集體中毒事件。事件中心的神是希臘神話中酒神戴奧尼索斯（Dionysus），也是瘋狂的儀式和宗教的狂喜之神。戴奧尼索斯的女性追隨者被稱為梅娜德女祭司（maenad），會咀嚼常春藤葉使自己輕微中毒，引致瘋狂和憤怒。醉醺醺的她們會開始在鄉間暴走，攻擊動物和人類。這個邪教的分支造成的麻煩，令執政官昆圖斯・那維屋斯（Quintus Naevius）花費大筆公帑，對該事件進行為期四個月的調查，共有兩千人受到審判和處決，主要罪名為使用毒物。[3]四年多之後——西元前一八〇年又有進一步的處決，因為官員們試圖遏止這種對羅馬社會的實質威脅。

西元前八十二年，下毒在羅馬已成為家常便飯，將軍和政治家蘇拉（Sulla）宣布它是可以處死刑的罪。以殺戮為目的製造、購買、出售、擁有或授予毒藥是非法行為（雖然仍然是合法的害蟲防治和醫療工具），違者會受到驅逐出境和沒收財產的懲罰。烏頭在當時是非常受歡迎的花園植物，無論是因為美麗的花朵或是更實用的用途，所以在相關法律中甚至特別提到這種植物。然而，蘇拉的意圖似乎並未動搖下毒受歡迎的程度，因為在八十一年後的西元前一年，流行的諷刺作家朱文納爾提到精英的道德敗壞時，聲稱為個人利益下毒已經成為身分的象徵。

我也來談談咒語和愛情藥水、釀泡出的毒藥和被謀殺的繼子們吧？……貪婪通常是犯罪的根源：人類想混合更多毒藥也是情有可原，

2　大衛・B・考夫曼（David B. Kaufman），《羅馬人的毒藥和用毒》（*Poisons and Poisoning Among the Romans*）。
3　李維（Livy），《羅馬歷史》（*Ab Urbe Condita*）。

因為無法控制地渴望大筆財富而瘋狂揮舞利刃的更是所在多有。對於想發財，而且現在就要發財的人來說；你難道還能期待這個貪婪心急的人心中尚存有任何對法律的敬畏、恐懼或羞恥感？

——朱文納爾（Juvenal），《諷刺文集》（*The Satires*）

毒殺無疑在眾羅馬帝王和帝國的興衰史中具有重要角色。其中一位活躍於政治界的著名投毒者是聲名狼藉的蘿庫絲塔（Locusta），她暗殺了多位知名目標，包括西元五十四年死於毒蘑菇的皇帝克勞狄烏斯（Claudius）。

蘿庫絲塔是高盧人，與卡妮迪亞（Canidia）和瑪媞娜（Martina）合在一起就是臭名昭彰的三名女性投毒者，被稱為危內費卡（venefica）——「施用毒藥和巫術的人」。veneficus 或 venefica 這兩個字表示投毒或製造毒藥的人。蘿庫絲塔的早年生活少為人知，但她帶著對藥草學的致命性知識來到羅馬，毒物收藏包括毒參、毛地黃、顛茄和鴉片。她在動物身上測試萃取物，將毒物反覆調整得既致命又有科學效率，所以雖然她因為投毒至少入獄兩次，每次卻都能在富有的顧客群影響之下重獲自由，因為他們需要她的特殊技能。塔西陀（Tacitus）在他的《編年史》（*Annals*）中如此描述她：

她就是著名的蘿庫絲塔；最近被控施行不可見光之事的女人，她是聽命於政府的工具，遂行其黑暗野心。

有一段時間，蘿庫絲塔受雇於小阿格里皮娜皇后（Agrippina the

Younger），皇帝克勞狄烏斯的侄女和當時的妻子。事實上，在阿格里皮娜親近蘿庫絲塔，要她刺殺克勞狄烏斯之前，蘿庫絲塔已經因為稍早的投毒罪入過獄；阿格里皮娜的目的是讓自己前任婚姻的兒子尼祿（Nero）掌權。尼祿本人則在後來雇用蘿庫絲塔除掉他的繼弟，克勞狄烏斯的兒子布列塔尼庫斯（Britannicus）。蘿庫絲塔的服務換取了完全赦免和一座鄉間莊園的獎賞，學生們被派到該處學習她的手藝。後來尼祿也有御用毒師，但是與蘿庫絲塔慣用、速度較慢的莨菪生物鹼相較，尼祿更喜歡氰化物。然而，他將最後一次投毒場合留給蘿庫絲塔：在西元六十八年尼祿逃離羅馬的時候，自蘿庫絲塔處取得了自己在必要時預備使用的毒藥，不過最後尼祿是死於其他方式。

不只是羅馬人善用毒藥。西元前一一四年至西元前六十三年的本都王國國王米特里達梯六世（Mithridates VI）深怕死於毒殺，甚至終其一生每天服用微量的毒藥建立免疫力。西元前六十三年「米特里達梯戰爭」中，當他最終被羅馬人俘虜時，不願被活捉的他試圖毒死自己；但是毫不意外地存活了下來。

米特里達梯在多年的統治過程中曾對死刑犯投毒以測試解毒劑效用。與當時大多數的醫療手法一樣，這些實驗深受宗教影響：米特里達梯的身邊隨時都有一組斯基泰（Scythian）巫醫，監督他主導的許多研究，並對研究具有舉足輕重的影響力。這些巫醫來自現在的烏克蘭，亞速海（Sea of Azov）以北的阿加里（Agari）部落，他們是毒藥和抗毒方面的專家。據說有一回他們在戰場上將蛇毒塗抹在米特里達梯大腿的傷口上止血而救了他的命；儘管米特里達梯宮廷中的其他人視斯基泰巫醫為可畏的神祕北方人，他們對許多劇毒的知識和應用卻都很有價值。

況且，本都王國的領土並不缺乏協助米特里達梯研究的資源。以夾竹桃和杜鵑花花蜜為食的蜜蜂製造出富含神經毒素的濃稠野生蜂蜜；以柳樹為食的海狸受到珍視，因為牠們的肉中水楊酸含量很高。本都的東部盟友亞美尼亞擁有充滿毒魚和毒蛇的湖泊。鴨子的食物包括藜蘆和顛茄，自身健康卻不會受損，老普林尼在描述米特里達梯的毒物研究時，特別指出來自鴨子的成分：「本都王國某個地區的鴨子據信以有毒食物維生，其鴨血被用於製備解毒藥（Mithridatum），因為鴨子食用有毒植物，卻毫無任何損傷。」

　　米特里達梯最後終於創造出稱為「Antidotum Mithridaticum」的萬用解毒劑，能夠成功抵抗許多常見的毒藥，在他被龐培大帝（Pompey the Great）打敗以及死亡之後，羅馬人甚至取得並翻譯該配方，接手使用。如今，唯一流傳下來的米特里達梯解毒劑配方是老普林尼記錄的。除了包含當時最知名的數十種草藥外，它還有少量的五十四種毒物。儘管各種紀錄顯示這個解毒劑名符其實，有名到甚至在一段時間裡，「米特里達梯」（Mithridate）這個字成了所有解毒劑的代名詞；但是老普林尼列出的成分裡並沒有任何一個具有抗毒效果（除了一些溫和的瀉藥，如大黃根之類），因此直到今日，關於它的去毒復原功效是真是假，仍然是歷史學家爭論的話題。這個靈丹妙藥的功效甚至可能是由米特里達梯本人散播的，為了隱藏真正的祕密：他其實是透過日常攝取而增強自己的抗毒力。

　　無論其真實性如何，這個故事已經聲名遠播，甚至出現在著名的阿爾弗雷德·豪斯曼（Alfred Housman）的詩歌中：

東方有位君王：

昔時，當諸王踞於宴席時，

飲食足後才思及毒肉及鴆酒。

此王自大地採集眾毒植株；

先是少許，然後更多，

攝入所有大自然殺戮原料，

宴席上輪番敬酒時

輕鬆的笑意出現在王顏。

他們在他的肉裡放砒霜

目瞪口呆地看他吞嚥；

他們往他的杯裡倒馬錢子鹼

顫抖著見他一飲而盡：

他們顫抖，臉色有如身上的白衫：

他們的毒藥徒然傷害自身。

我講述我聽過的故事；

米特里達梯死時已老年。

　　——**A·E·豪斯，《什羅普郡少年，詩六十二》**（*A Shropshire Lad LXII*）

　　到了十六世紀，砷等有毒化學物質的使用受到歡迎，特別是在歐洲。砷攝入的症狀類似當時常見的霍亂，因此提供了除去麻煩人物的完美方法。毫無疑問地，出於與古羅馬人同樣的原因，投毒做法甚受歡迎，因此砷在十九世紀便成為俗稱的「遺產粉末」。

　　最因此類毒計而惡名昭著的是波吉亞家族（Borgia）和梅迪奇家族（Medici）。這兩個義大利望族總共出了五位教皇和兩位法國攝政王后，

都有犯下許多罪行的嫌疑。波吉亞家族藉著濫用法律使受害者將財產歸給教會（等同歸給該家族），搜刮了巨大的財富；而梅迪奇家族——最出名的是凱薩琳（Catherine）和瑪麗·德·梅迪夫人（Marie de Medici）——據說她們有藏在牆內的密室，裡面有二百三十七個小毒藥抽屜。凱薩琳身為法國國王的妻子，又是另外三位國王的母親，慣於插手國事，相傳牽連好幾椿神祕又省事的命案。

到了一五三一年，亨利八世宣布「蓄意致人於死的下毒行為」是叛國行為，所有受指控的人都應接受被活煮的懲罰。這可能部分是因為當時在歐洲發生了大量的政治暗殺，亨利八世本人非常害怕遭到如此的命運，而且他的前任妻子，阿拉貢的凱瑟琳（Catherine of Aragon）之死也被認為是毒殺。但是這項法律的制定，很有可能是為了方便他自己：其時，一位名叫理查·盧斯（Richard Roose）的廚子正被監禁於獄中，亨利八世有雇用他刺殺主教若望·費雪（John Fisher）的嫌疑。費雪曾是亨利的導師，如今卻在國家事務上反對國王，盧斯遂受雇在他的飲食中下毒。然而，在投毒行動當晚，費雪因為感到身體不適吃不下晚餐，兩個僕人便分食了他不想喝的肉湯。盧斯在僕人死亡之後被捕，卻無法解釋為何在這頓飯裡下毒，而亨利八世卻又不能還他自由。國會匆忙通過《下毒法案》（An Acte for Poysoning），盧斯受審的過程彷彿他殺死的是皇室成員，而非兩位因為飯食偶然中毒的僕人。他的受審、被判有罪、迅速受到活煮的處決，全部在命案發生後的六週內完成。

英國歷史上只有三個人曾經遭受過這種不尋常的懲罰：理查·盧斯、金斯林鎮（King's Lynn）一位不知名的女傭，以及一五四二年的瑪格麗特·戴維（Margaret Davie），毒殺了她幫傭的所有三戶人家。該法案後來在一五四七年被亨利八世的兒子愛德華六世撤銷，他則在六年之後去世……據說是因為中毒。

哦，我的兄弟們，小心！小心！

偉大的白女巫將於今晚飛馳而出。

哦，我的弟弟們，警醒！

莫貪看她明媚艷容；

因其眼波是一張羅網，

因其笑容為一場禍害。

——詹姆斯·威爾登·強森（James Weldon Johnson），

〈白女巫〉（*The White Witch*）

智婦和女巫

繼一五〇〇年間的歐洲中毒狂潮之後，人性和對於暗殺的熱愛日漸傾向化學物和機械武器。但對於一群特別的人來說，「投毒者」的指控持續了很多年，而且導致殘酷得可怕的後果。然而，為了全面了解這個現象的意義，我們必須從幾個世紀之前開始講。

自一三〇〇年代開始，歷史上有三個半世紀瘋狂仇視主要為女性的草藥師，她們不是被視為「精神失常」，就是有治療天賦。這場大規模而且漫長的征討被基督教教會和政府神聖化（後者在此時已經與教會糾纏不清，以至於實際上是一體兩面），並製造出歇斯底里的社會情緒，估計共有六萬三千八百五十位女巫（這是根據官方紀錄，還不包括未被納入紀錄，遭私人志願隊處以私刑的）被火焚、淹死、絞死和壓死。

沒有什麼比植物學更能令古人驚奇。人們仍然存在著信念，認為這些現象（月亮盈虧）是出於符咒和魔法藥草的強大力量，而這門科學是女性傑出的專業領域之一。
——**老普林尼，《博物誌》（卷七）**

但是即使在一三〇〇年代的世界裡，女巫也並非嶄新的概念。老普林

尼經常寫到當地知名的「智婦」，人們也確實求助於她們，因為她們有治療或下咒的能力。女巫敬拜希臘的地獄女神赫卡特（Hecate），掌控魔法和幻惑。赫卡特的女兒喀耳刻（Circe）和美蒂亞（Medea）都因為她們的神祕藥典而著名——特別是有毒的藥草。

　　植物性毒藥自早期羅馬紀錄以來，或極可能在那之前更久遠的年代裡，便似乎總是與婦女和女巫有密切連結。毒藥是弱者對抗強者的武器，看不見摸不著的恐懼之源，從遠古就被視為女性對抗男性的武器。雷吉納・斯考特（Reginald Scot）在《發現巫術》（*The Discoverie of Witchcraf*，一五八四）一書中指出，「女性是毒術的首先發明者和實踐者」，她們「比男性更自然地沉迷於其中」。就連到了一八二九年，羅伯・克里斯蒂森（Robert Christison）仍在他的《毒論》（*A Treatise on Poisons*）中說：「世界各個時代的毒術，主要歸功於女性的科學養成。」

　　女性，尤其是老普林尼筆下的「智婦」，令人既敬又畏。他們具備殺人的知識，但也知曉如何治癒；比任何人還更了解當地的植物；她們在整個歐洲扮演助產士和護士的角色，甚至能透過觀察天空預測隔天的天氣而形同先知。所有這些知識都是代代相傳，幾乎完全經由口述，很少被書寫下來；並且沒有一門知識受到官方教育和基督教教會認可——後者也扮演了最終迫害者的重要角色。

　　行邪術的女人，不可容她存活。
　　——《出埃及記》22：18

　　教會與所有局外人站在同樣的判斷角度，視這些女性治療者為教會醫

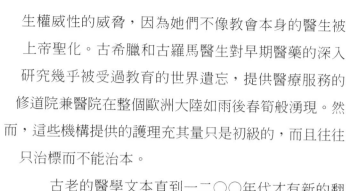

生權威性的威脅，因為她們不像教會本身的醫生被上帝聖化。古希臘和古羅馬醫生對早期醫藥的深入研究幾乎被受過教育的世界遺忘，提供醫療服務的修道院兼醫院在整個歐洲大陸如雨後春筍般湧現。然而，這些機構提供的護理充其量只是初級的，而且往往只治標而不能治本。

古老的醫學文本直到一二〇〇年代才有新的翻譯開始重新出現，提供醫學院始終欠缺的知識。但是即使到了這個時候，教會認可的大學和醫生仍然遠遠趕不上那些在漫長歲月中持續實踐老祖先知識的智婦。

一般民眾相信女巫的治癒能力以及對她們的長期隱匿，對教會構成威脅。一場尖銳惡毒的宣傳攻勢就此展開：教會利用歐洲每座教堂扭轉輿論，宣稱這些女性的危險之處。最有名的也許就是《出埃及記》中著名的詆毀教條：「行邪術的女人，不可容她存活。」這句如同真言的翻譯必須對席捲整個大陸的獵巫狂熱負責，直至今日，它仍然存在於大多數聖經中。然而，這段話裡原始的希伯來字是「mekhashepha」，《七十士譯本》將它翻譯為「Pharmakeia」：投毒者。這種簡便的「新」翻譯提供了早期女巫獵人散播仇恨所需的藉口。如今對女巫的迫害被上帝聖化了，他們完全有理由開始大獵捕。

直到一二〇〇年代，教會始終宣揚疾病是上帝所施加，為了懲罰罪行的刑罰，但是宗教法庭改變了教義，宣布疾病——特別是超出教會所屬醫生治療能力之外的疾病——肯定是出自巫術的作為。且宣布女巫為魔鬼的手下，篡奪了上帝的權力。她們能創造教會醫生尚無法達到的奇蹟，直接與聖經相悖：獨行奇蹟的神是應當稱頌的。如果這些女巫也具備某些強大的力量，那麼就不可能只有上帝能行奇蹟之事了。

最大力譴責女巫的人是法國聖克勞市（St Claude）的大法官翁西·博給（Henri Boguet）。他出版的《檢討女巫》（*Discours Exécrable des Sorciers*）非常受歡迎，甚至在二十年間重印了十二次，到了一五九○年，光是他一個人就已經下令處決六百名被他視為「天堂最致命敵人」的婦女。他聲稱她們的「治療」只會進一步導致疾病，以使她們具有凌越男性的權力。這股獵巫的歐斯底里風氣之所以在歐洲盛行，有很大一部分是受他的影響。正如他在著作中所說：「幾乎整個德國都忙於生火焚燒女巫。瑞士為了女巫們，不得不掃蕩許多村莊。在洛林省旅行的人可能會看到數以千計縛捆著女巫的木樁……」

對智婦和農村治療者的指控根植於迷信，基本上一無可信之處。民眾相信這些人的眾多能力包括讓人們互相攻擊、感染牲口、引起風暴、害婦女不育。[4]她們唯一做不到的就是直接殺人：但是帶著魔鬼（根據博給，魔鬼了解地球上的每一種植物）賜予她們的毒藥，就連重大的罪行也在她們的股掌之間。[5]即使到了晚進的十七世紀，助產士仍被稱為「魔鬼的寵兒」，因為凡人不可能具有她們對分娩和女性身體的神祕知識。[6]

最近的理論認為，女巫審判是一五一七年宗教改革時期的宣傳手法，教會在當時分為天主教和新教兩個派別。之後整個歐洲大陸持續的作物歉收期和被稱為小冰河時期的生態災難，使得為這些煎熬找到代罪羔羊的想法變得合理，並且進一步提醒人們教會與其新分支機構可以抵禦這種威脅。

儘管大多數獵巫狂潮發生在歐洲，新聞和迷信傳播的速度卻飛快，恐懼因子蔓延到更遠的地方。那個時代的最後幾次女巫審判發生在一六九二

4　羅伯·波頓（Robert Burton），《解剖憂鬱》（*The Anatomy of Melancholy*）。
5　喬治·吉福德（George Gifford），《談女巫和巫術》（*A Dialogue Concerning Witches and Witchcrafts*）。
6　克里斯提安·史特里貝克（Christian Stridtbeckh），《關於女巫和那些與黑暗王子交易的邪惡女人》，一六九○。

年，繼麻薩諸塞（Massachusetts）的塞倫鎮（Salem）發生多起幻覺和疾病案例之後，共有十九人被處決。被告大多是老婦人，幾乎都是寡婦或身體和精神狀況衰弱的人。雖然現在普遍認為塞倫鎮出現的症狀是受了麥角症汙染的麵包導致的結果，這些婦女在當時經過審判之後，被判犯下毒害和毀傷鎮民的罪行，隨後被絞死。與西元三三一年在羅馬處決兩千名女巫嫌疑者的事件一樣，這是另一個因為大規模中毒導致獵巫狂熱的的關鍵例子。

女巫的藥草

一旦嚐過飛行的滋味後，當你行走於地面時，眼睛將永遠望向天空，因為你曾去過那裡，並永遠渴望再回去。

——李奧納多・達文西

對女巫最著名的指控之一是為了定期參加魔鬼舉行的安息日魔宴而具有的飛行能力。傳說這些安息日魔宴中有各種狂歡行為，包括「參加者騎著會飛的山羊、踐踏十字架、以魔鬼名義重新受洗的同時脫得一絲不掛，親吻他的臀部，然後背靠背圍成圓圈跳舞」。[7]如今對於歷史上女巫的刻板印象仍然提到這些赤身裸體的瘋狂舞會，但是對於它們的「官方」紀錄

7　法蘭西斯科・瑪麗亞・瓜佐（Francesco Maria Guazzo），
　　《惡行要論》（*Compendium Maleficarum*），一六〇八。

仍來自於女巫審判期間，遭受酷刑逼供的女巫們在供述之後，由從未參加這些聚會的教士撰寫出來。它們的最終目的不過是用於有效宣揚被告的邪惡。

但是相信女巫能夠飛翔的認知仍然普遍存在，無論是借助山羊、掃帚或任何紀錄中聲稱的方法。所以它究竟從何而來？其實，這個現象指的並非實際的物理性飛行，在審判期間被捕的女巫們會使用一種「飛行藥膏」，含有各種能左右精神的植物化合物，造成飛行的感覺。該藥膏也不是什麼新發明；荷馬（Homer）的《伊利亞德》（*Iliad*）和阿普列尤斯（Apuleius）撰寫的小說《金驢記》（*The Golden Asse*）裡都出現過這種綠色的藥膏，後者是西元二世紀的羅馬故事，其中一位女巫使用藥膏將自己變成貓頭鷹。更早的西元前八百年，天后赫拉（Hera）便使用「安布羅西亞（Ambrosia）之油」的混合物飛行到奧林帕斯（Olympus），可能就是完全相同的混合物。

在這些故事中，藥膏當然從來不曾與魔鬼有任何連結，似乎也始終被歷史遺忘，直至一三二四年重新出現在愛爾蘭女巫愛麗絲‧吉蒂勒（Alice Kyteler）的審判。吉蒂勒涉嫌毒殺第四任丈夫，逮捕她的人在她家中發現「一塊聖餐餅，上面印有魔鬼的名而不是耶穌基督，還有一管油膏，她用它在風雨中漫步疾驅……」[8]

被告從來未在聽證會中自願提及神職人員寫下來的飛翔或與魔鬼在空中同行的法術，但是教會及獵巫人都對此很感興趣。大部分在聽證會裡記錄下來的配方是由神職人員（例如雷吉納‧斯考特的《發現巫術》）或之後的學者撰寫而成（一個很好的例子是植物學家威廉‧科爾斯〔William Coles〕寫於一六五六年的《草藥的藝術》〔*The Art of Simpling*〕），因此我們如今所知的大多數配方或多或少是不正確的。然而，成分和採用的技

8　聖約翰‧西摩（St John Seymour），《愛爾蘭巫術和惡魔學》（*Irish Witchcraft and Demonology*）。

術有其相似之處，可以由此大致推測出藥膏的成分。

軟膏通常由脂肪或油製成，以煤煙染黑，可能含有毒物，例如顛茄、毒茄蔘、曼陀羅、莨菪、烏頭和毒參。這些植物全都在歐洲郊野間茂盛生長，可以輕易採集；更甚者，它們很容易吸收，甚至是透過沒有傷口的皮膚，並且可以阻礙行動，產生心律不整、頭暈和興奮。上述植物之中的顛茄和毒茄蔘更是以擾亂心臟功能而著稱，比如瑪格麗特・默瑞（Margaret Murray）的《西歐的女巫崇拜》（The Witch-Cult in Western Europe）中所述：「眾所周知，人入睡時心臟的不規則跳動會產生突然自空中墜下的感覺，能催眠的顛茄加上使心律不整的烏頭，可能就會產生類似的飛翔感。一九〇〇年代初期，德國民俗學家威爾－厄利希・樸克特（Will-Erich Peuckert）博士對這種煙灰、植物和脂肪的混合物進行了實驗，得到親身的體會。他寫道：「我們感覺像是在作夢，最初是狂野但又有限度的飛行，然後是混亂的狂歡，就像年度園遊會般的喧囂，終後發展成帶著情色意味的放蕩不羈。」

茄科植物含有的毒素能令人產生變身動物的幻覺，正是人們相信女巫具有的能力之一。因為該科植物而意外中毒者的報告中曾描述受害

者想像自己長出皮毛、耳朵

或羽毛。[9]十六世紀的學者吉安巴蒂斯塔・德拉・波塔

（Giambattista della Porta）在他最著名的作品《自然魔法》（*Magiae*

Naturalis）中討論過這些狀態；該書深入描述了各種藥膏，特別是一種藥

膏能導致極度口渴、視力變得模糊和步態蹣跚；是所有常見的狼人跡象。

巧合的是，它們都符合顛茄鹼中毒現象，而顛茄鹼存在於莨菪、曼陀羅和

顛茄中。

我們已知有幾個女巫在安息日飛行的例子。第一個是德拉・波塔記錄

的，他研究一位睡了很長時間，無法被喚醒的女巫。御醫安德雷斯・費南

德斯・德・拉古納（Andrés Fernandez de Laguna）也寫道一位女巫在他面

前從頭到腳塗滿藥膏之後，連續睡了三十六個小時，任他如何嘗試都喚不

---

9 克萊兒・羅素（Claire Russell）和威廉・莫伊・斯特拉頓・羅素（William Moy Stratton Russell），《狼人的社會
生物學》（*The Social Biology of the Werewolf Trials*）。
10 珍妮佛・班奈特（Jennifer Bennett），《爐石旁的百合：女性與植物的歷史關係》（*Lilies of the Hearth: The
Historical Relationship Between Women and Plants*）。

醒。當她終於醒來之後，宣稱自己曾「被世界上所有的愉悅和喜樂包圍著」，並受到一位「性慾旺盛的年輕人」的青睞。最後一樁事件是某位法國醫生對幾名婦女的女巫飛行狀態觀察。一位波爾多女巫先是睡了五個小時，醒來之後卻正確告訴醫生在她睡覺時發生的幾起事件。另外還有七位女性在他面前靈魂出竅了三個小時，之後告訴他幾樁發生在他們所在地方圓十英里內，經驗證無誤的事件。這些婦女因為認罪而遭到活活燒死的處罰。[10]

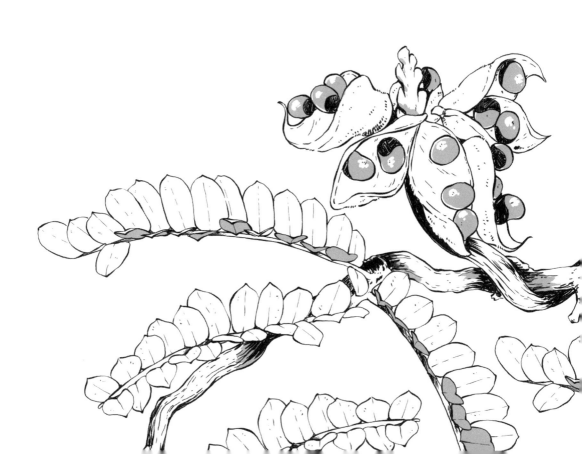

萬物皆毒，無物不含毒，依劑量多寡，物便非毒。

——帕拉塞爾蘇斯（Paracelsus）

治癒與致命

　　雖然本書迄今為止提到的許多植物，都是因為其致命特性而在歷史上提及，但是若就此不談它們在醫學領域發揮的作用，倒顯得有失公允。雖然近幾個世紀以來，我們對藥物、劑量和更安全的替代品的認知顯著增加，這些具有雙重性質的植物利害兼備的屬性，無疑為它們在歷史上贏得一席之地。

　　死亡和醫療通常是息息相關的，許多植物被視為此類雙重領域的代表，而分派給具有同樣性質的早期神靈。綜觀整個世界不乏這樣的例子：蘇美女神古拉（Gula）被稱為偉大醫者；但她也用有毒藥草詛咒不法之徒。歐摩魯（Omolu）是神聖的伏督瘟疫醫生（在約路巴〔Yoruba〕信仰中也被稱為巴巴魯阿耶〔BabalúAyé〕或薩克帕他〔Sakpata〕），是代表傳染病和從疾病中解脫的雙重身分神明。這種雙重性甚至反映在希臘字「pharmakon」，也就是藥局（pharmacy）一字的字源，意思是「治癒」和「毒藥」。

　　有些植物用作非常早期的麻醉劑——前提是使用的劑量是正確的，其他則作為早期瀉藥（上行催吐，下行則助瀉），排空胃腸內不該有的物體。植物的毒性越強，味道就越苦；但這一點很容易用糖或蜂蜜克服，而且許多病人是以治癒名義接受苦不堪言的治療——雖然結果有時和原本想治癒

的病症一樣，令他們一命嗚呼。

　　這種醫療手法之下的不幸患者之一是喬治・華盛頓（George Washington），他在一七九九年因喉嚨痛和發燒而重病不起。如果不過度介入，他很可能會漸漸康復，但是紀錄說明過分熱心的醫生先讓他失掉四品脫半的血液（人體平均共有十品脫血液），然後給他三劑氯化汞和一次排毒灌腸劑。之後又開立數劑催吐的酒石酸銻鉀，並且在他的喉嚨和腳敷上誘發水泡的化合物，目的是讓水泡抽出致病的有害元素。結果華盛頓原本就虛弱的病體在醫生到達後的二十四小時之內就死亡了。

　　人工清腸胃是危險的做法，特別是用於已經生病的人，但它們在過去數世紀中已無限制的濫用。寫於一五一七年的《錫安修院草藥典》（*Syon Abbey Herbal*）建議「取黑嚏根草、熊蔥、莨菪、醋、白瀉根，與老油脂混合。需要時將藥膏塗抹於患者手腳。」這些成分經過皮膚吸收之後，能幫助誘發清腸。甚至還有人說，某些植物能夠控制清腸胃的方向——阿帕拉契人（Appalachian）的信仰是，向上方剝除貫葉澤蘭（*Eupatorium perfoliatum*）的葉片就能引發向上的淨化；但向下剝除會使它們變成瀉藥。事實上，貫葉澤蘭清腸胃的方向是雙向的，無論葉子以哪個方向脫離莖條。

　　毒液若是適量使用，也可作為麻醉劑，不過並不可靠。已知最早的醫用鎮靜劑案例之一是在兩千年

前，由毒參、毒茄攟和莨菪組合而成。先將海綿浸入植物的混合汁液中，然後使其乾燥，使用時再將海綿回浸於熱水中產生蒸氣，供患者吸入。[11]這種催眠海綿稱為「dwale」，來自丹麥語「dvale」，意思是致命的恍惚狀態，該字融入英語詞典之後也成了鴉片劑的替代名詞。蘇格蘭的法拉（Fala）地區曾於一九八六年挖掘出一座中世紀的醫院兼教堂「南翼醫院」（Soutra Aisle）。在地窖裡發現了毒參、莨菪和罌粟的種子，很可能就是以相同的方式作為麻醉劑。

形象學說（doctrine of signatures）

> 儘管罪惡和撒旦已經將人類拋入了疾病的汪洋，但蒙全視
> 的上帝垂憐，令山谷長草藥供人類使用，不僅賦予它們獨特的
> 型態，也授給各別的特徵，使人甚至能以目測讀出其
> 顯而易見的使用特色。
> ——威廉・科爾斯，《草藥的藝術》

形象學說是由一五○○年代早期的帕拉塞爾蘇斯建立的醫學概念，認為形似身體特定部位的植物必定對治療人體對應部位的疾病有效用。基督教神學家迅速認可這個概念，聲稱上帝創造出這些符碼，肯定是為了向人類展示植物的用途。相似之處包括植物的形狀、葉片模式，甚至顏色。紅色植物被認為對心臟有益，黃色有益脾臟，綠色有益肝臟，黑色有益肺臟。核桃形狀肖似大腦，使其成為治療頭痛和

11　史蒂芬・波林頓（Stephen Pollington），《醫術：早期的英國魅力、植物傳說和治療》（*Leechcraft: Early English Charms, Plant Lore, and Healing*）。

頭暈的理想選擇；豆類對視力有好處；葵花籽有助於牙疼，草莓則是治療心臟問題的良方。許多這些假設療效仍然流傳下來，成為我們今天仍在使用的名稱，例如肺草（lungwort，兜蘚）、肝草（liverwort，蘚）和亮眼草（eyebright，小米草）。以想像力取代仔細的實驗，遂成為辨識植物治療性質的首選方法。實際上，如果有任何植物因此奏效，肯定只是出於運氣或安慰劑效果。

不幸的是，宣傳該學說的人列出了大量不適用的植物，例如「生殖草」（*Aristolochia spp.*，馬兜鈴）。由於其形狀類似子宮和卵巢，因此決定它必是治療分娩相關健康的理想治療方法，特別是對於排出產後的胎盤。可是馬兜鈴含有劇毒，並且會導致嚴重嘔吐、腎衰竭和死亡；所以即使是出於最良善的用意開立此方，它卻多半引致流產和產婦死亡。

因此，該學說在一八○○年代毫不意外地退了流行，雖然它今天仍然繼續在某些地區以民俗療法的形式存在著。

植物 A To Z

APPLE
Malus domestica
蘋果

我將找到她的去處

親吻她的唇，攜起她的手；

走在陽光灑落的長草叢中，

採摘直至時光流年結束

月亮的銀蘋果，

太陽的金蘋果。

——威廉·巴特勒·葉慈（**William Butler Yeats**），

〈流浪者安格斯之歌〉（*The Song of the Wandering Aengus*）

不起眼的蘋果是很受歡迎的水果，但是數千年來，它也始終與死者、冥界和惡魔附身有關。想想白雪公主或者亞當和夏娃，你就會意識到毒蘋果是各時代中顯著的主題概念。這種水果能致命的想法其實並非完全虛構的想像：蘋果籽含有微量的氰化物。

　　氰化物以其杏仁氣味聞名（不過只有百分之五十的人聞得出來），以自然形式存在於杏仁核、櫻桃核、桃仁，還有蘋果籽裡。蘋果籽裡的氰化物並不足以導致意外中毒，但是有一則關於英國蘋果酒的有趣軼事表示事實並非如此。蘋果酒在英國各地多有製造，尤以兩個地區最聞名——諾福克郡（Norfolk）和西南部四郡（West Country）。在諾福克郡，取蘋果汁的方法是將其打成果漿；但在西南部則是用石磨壓碎，據信能使蘋果酒裡具有微量的氰化物。由於工人們工資的一部分是每週一加侖啤酒或蘋果酒，傳說西南部的工人們最後會因為喝蘋果酒而失明和發瘋；然而，這樁軼事最早是由諾福克蘋果酒製造商講述的，所以可能只是企圖誹謗對手！

　　整部希臘神話中都可以找到蘋果與死亡以及悲劇的關聯。蘋果樹據信源於年輕人梅洛斯（Melos），他在遇見基尼拉斯國王（King Kinyras）的兒子阿當尼斯（Adonis）後迅速迷戀上他。而當阿當尼斯在一次狩獵中不幸死亡之後，梅洛斯哀痛欲絕，在一棵禿樹的枝上上吊自盡。愛神阿芙蘿狄蒂（Aphrodite）受他悲慘的下場感動，便將梅洛斯變成第一顆蘋果。

　　這種水果在愛爾蘭也與死者有關。薩溫（Samhain）是蓋爾語（Gaelic）的亡靈節，也被稱為「蘋果節」，因為人們將果實留在墳墓和祭壇上作為祭品。此外，棺材內通常襯有蘋果木，是為了在來生重獲青春。

　　美國曾經有一種極受歡迎，現在已經絕種的祖傳蘋果品種，是蘋果與鬼魂聯繫的完美寫照。「麥卡魯德」（Micah Rood）或「淌血之心」（Bloody

Heart）「味道甜美，香氣撲鼻，外表紅豔，大部分果肉為白色，果核上有一顆代表人類血液的紅色斑點。」[12]該品種據信來自於一七〇〇年代末康乃狄克州富蘭克林鎮，名叫麥卡・魯德（Micah Rood）的人擁有的農場上。

麥卡・魯德遭指控謀殺了一名旅行推銷員，受害者被發現死在魯德所有地的蘋果樹下，頭骨破裂，錢包也被洗劫一空。然而，由於沒有證據顯示魯德有罪，他被判無罪之後重獲自由。可是那一年稍晚，推銷員死亡地點上的蘋果樹開始結出紅色的果實，果核上帶有血跡，向世界控訴魯德的罪。麥卡・魯德的農場迅速荒廢，他也一貧如洗地死去。

另一個有類似血跡的品種於一八八三年首次出現紀錄，如今仍在蘇格蘭茁壯。「染血農夫」（Bloody Ploughman）的名字來自於一位為了養活家人，從蘇格蘭莊園偷摘蘋果而被槍殺的農工。悲痛的遺孀相信那些蘋果受到了詛咒，不但沒吃掉蘋果，還將它們扔進院子裡；隔年，一棵樹在該位置發芽，結出果肉和果皮一樣紅的蘋果。

最著名的蘋果也許是那顆與伊甸園和罪惡相連結的。在《創世記》的原始故事中，亞當和夏娃從未真正說出長在生命樹上的果實名字，許多學者認為它較有可能是無花果或石榴；但是在中世紀的翻譯和繪畫中變成了蘋果，可能是因為對一般人來說蘋果更容易識別。從此之後，蘋果的好名聲就被抹黑了。

中世紀教會相信出於惡意施了魔法的蘋果可能導致惡魔附身，因為這種有罪的果實是「撒旦不斷重複引誘人間天堂中亞當和夏娃的工具」。[13]十六世紀的方濟會神學家尚・班尼迪克提（Jean Benedicti）描述佩宏內特・

---

12 查爾斯・斯基納（Charles Skinner），《花、樹、果與植物的神話和傳說》（*Myths and Legends of Flowers, Trees, Fruits and Plants*）。
13 翁西・博給，《檢討女巫》。

皮內（Perrenette Pinay）的經歷：此人吃了一顆蘋果和一塊牛肉之後被六個惡魔附身。同樣地，法國醫生尚－傅宏夸·費內（Jean-Francoir Fernel）也說過一位不知名的人在吃了一顆蘋果後就被附身了。

大約與此兩起事件同一時期的一五八五年，歐洲流傳著關於薩伏依地區（Savoy）惡魔的故事。有顆蘋果擺在一座繁忙的橋邊幾個小時：雖然毫不起眼，但它發出「巨大而喧鬧的噪音」，聲音大到人們不敢接近它。聚集圍觀的人潮越來越多，卻沒人知道該如何處置它，直到某位勇士拿起長棍將它推進河裡。故事至此平淡無奇地結束，但是後來翁西·博給解釋說：「毫無疑問，這顆蘋果裡充滿了惡魔，某個女巫想將它送給某人，奸計卻未得逞。」[14]

金蘋果

金蘋果出現在各個時代的許多傳說中。例如厄里斯（Eris）的金蘋果，也被稱為「紛爭的蘋果」，它引起的諸多事件便是特洛伊戰爭的導火線。這件事是由佩琉斯（Peleus）和忒提斯（Thetis）的婚姻引發的，宙斯為他們舉行了盛大的婚宴。由於厄里斯天性愛惹麻煩，便沒被邀請赴宴；為了報復，她拿起一顆金蘋果扔進慶典——蘋果上面寫著「Kallisti」——獻給最美麗的人。三位女神赫拉、雅典娜和阿芙羅狄蒂都想擁有金蘋果，而宙斯宣布由向以公正著稱的特洛伊的帕里斯（Paris of Troy）判定蘋果應當屬於誰。每位女神都試著用技巧或權力賄賂帕里斯，但阿芙羅狄蒂給了他愛慕已久，並且原本已經與墨涅拉俄斯國王（King Menelaus）成婚的女人的愛情：那位女人就是斯巴達的海倫。帕里斯選擇了海倫，因此引發特洛伊之戰。

---

14 翁西·博給，《檢討女巫》。

據說厄里斯的金蘋果是從赫拉的花園偷來的。該花園由夜晚之女赫斯珀里得斯（Hesperides）和百首龍守護。如同伊甸園裡的水果，有人認為厄里斯的果實實際上並不是蘋果，而是摩洛哥堅果樹（Argan）的果實，非常肖似小金蘋果，散發出類似烤水果的香氣。[15]

金蘋果在愛爾蘭的傳說中也扮演著重要的角色。傳說這些蘋果生長在 Emain Ablach（被認為是今日的曼島〔Isle of Man〕或阿倫島〔Isle of Arran〕），由愛爾蘭海神和「歡喜平原」瑪格梅爾（Mag Mell）的守護者瑪納南麥克里爾（Manannan mac Lir，「海之子」）照料：瑪格梅爾是保留給光榮死去之人的異地（Otherworld），布蘭之旅（The Voyage of Bran）故事中，生有三顆完美金蘋果的銀枝便是從瑪格梅爾剪下。搖晃時，這些蘋果會發出能令任何聽者入睡的樂音。若有人想在命定之時未到前進入異地，便必須攜帶這道令牌以確保平安歸來。

ASPHODEL
Asphodelus spp.
常春花

那裡，常春花散落開放

整夜，如年輕手臂的魅影高舉著懇求。

——威廉·福克納（William Faulkner），素描本內圖畫旁的筆記

常春花最引人注目的是它們又高又尖的白色或黃色花朵，是地中海海

15 麥克·胡伯納（Michael Hübner），《今日摩洛哥南部的亞特蘭提斯間接證據》（*Circumstantial Evidence for Atlantis in today's South Morocco*）。

岸邊常見的景象。它們在科西嘉島長得特別好，是當地深受喜愛的國花；科西嘉人還有一句俗諺「他已經忘了常春花」，意指某人離鄉背井太久，肯定記不得故土了。[16]

一六四八年，牛津植物園出於好奇，曾經短暫地在園內種植了一年黃色常春花（*Asphodeline lutea*），藥劑師（apothecary）和植物園策展人約翰・帕金森（John Parkinson）想知道這種植物是否具有任何藥用或食用價值。他的研究並未得到有用的訊息，而且當他訪問地中海地區的當地人時，被告知該植物「除了會騙人之外，沒有其他特性」。遺憾的是，它為何會騙人，卻沒被記錄下來。

在神話中，常春花最為人知的是古希臘著名的冥界水仙平原（Asphodel Meadows，古希臘詩人所稱的常春花通常是水仙）。進入地獄「塔爾塔羅斯」（Tartarus）之後，死者將受審判，然後根據他們在陽世的人生分發去處，水仙平原是普通人死後的去處，他們是生前既沒犯過大惡也沒有行過大善的人。在進入平原之前，他們喝下忘川（Lethe）的河水，忘卻陽世間任何身分或記憶。然後前往平原：它是陽世幽靈般的複製品，一片完全中立的土地，死者在那裡繼續機械式地執行日常任務。雖然水仙平原不是塔爾塔羅斯裡折磨人的地方（後者是保留給背信忘義的靈魂），卻也並非和平安詳之處；機械式地度過永恆的用意在於防止人們在生時過於安逸，鼓勵希臘民眾主動加入軍國主義，而非被動。在世時獲得巨大成就的人會前往至福樂土（Elysian Fields），英雄的靈魂會在此處永世享福。

古希臘人之所以將常春花與死亡聯想在一起，可能是因為植株灰色調

---

16 陶樂西・卡靈頓（Dorothy Carrington），《科西嘉島獵夢人》（*The Dream-Hunters of Corsica*）。

的葉子和看似具有蠟質表面的淺黃色花朵。人們在墳頭上種植常春花獻給冥后珀耳塞福涅（Persephone），她的形象經常戴著常春花冠。據說常春花是死者最喜歡的食物，但是窮人也食用它的根，採集之後烘烤磨粉做成麵包。

話題再轉回科西嘉島，超自然故事和常春花在這裡蓬勃發展，常春花還在島上夢境獵人馬札里（mazzeri）的祭祀儀式中扮演重要的角色。

夢境獵人馬札里（mazzeri 來自 ammazza，意為「殺死」；在島上其他地區被稱為「痛擊」〔culpadori〕）只是一般人，但是被命運的化身夸寇沙（Qualcosa）選為超自然的使者。夢境獵人能夠同時身處陽世和夢境兩個地方。

夢境獵人在夜間作夢時狩獵（因此也有「夜行者」〔nottambuli〕，或「夢遊者」〔sunnambuli〕之名），獵捕野豬和當地其他野獸。他們為在夢中狩獵使用的武器稱為馬扎（mazza），是以常春花的根莖做成的棍子，很有可能是因為該植物與冥界的聯繫。夢境獵人殺死獵物之後，就會仔細端詳動物的臉，辨認出他們認識的人；通常是村子裡的某人。到了早上，獵夢人會講述夢中所見，被指述的人就知道自己將在一年之內死亡。但是如果被獵殺的動物僅僅受傷而未死亡，那個人便將遭到意外或疾病。[17]

雖然科西嘉人很看重這些占卜能力，但是夢境獵人居住的村莊通常會迴避他們，

---

17 羅庫・莫惕鐸（Roccu Multedo）《科西嘉島的夢境獵人及魔法傳說》（*Le Mazzerisme et le Folklore Magique de la Corse*）

所以他們多半住在村莊外圍。這是因為夢境獵人既無法控制自己命定的能力，也不能預測狩獵時會看見何人的命運，科西嘉人認為夢境獵人不用實際肉體，而是以精神狩獵。當夢境獵人的靈魂遇到村裡某個人在夢境裡化為野獸型態的靈魂時，他的狩獵本能就會使對方的靈魂與身體分離。雖然肉體可以在沒有靈魂的情況下存活一段時間，但最終仍會生病和死亡。

傳說每個村的夢境獵人每年會組織一次團夥，與鄰村的夢境獵人打仗。這些在夢境中進行的幻影爭鬥被稱為曼陀拉奇（mandrache）；戰死的夢境獵人會在一年內喪命，有些人甚至在第二天早上就被發現死在家裡。[18]

一種與常春花相關的植物是沼澤常春花（*Narthecium ossifragum*）。不同於它喜歡沙地的表親，沼澤常春花多生在西歐和不列顛群島高處的沼澤地，有著尖刺和亮黃色花朵，用作番紅花的替代品。

沼澤常春花的拉丁名意思是「斷骨者」，因為人們相信食用沼澤常春花會使牲口的骨頭變得脆弱。但是在這些地區放牧的綿羊骨骼狀況更有可能是缺乏鈣質的飲食引起的，沼澤常春花只是剛巧生長在這個地區。然而，它確實會導致綿羊出現又稱「精靈之火」的皮膚症狀「綿羊光敏症」（alveld）。動物在食用部分植株之後會對光敏感，暴露於日照之下便產生皮疹和輕度曬傷。[19]

18　瑪莉－瑪德蓮・侯提利－佛西歐里（Marie-Madeleine Rotily-Forcioli），《我所知道的夢境獵人》（*The Mazzeri I Have Known*）。

AUTUM CROCUS
Colchicum autumnale
秋番紅／秋水仙

新生紫羅蘭綿延為柔軟厚毯，

叢生荷花自隆起花床膨湧生長，

風信子乍然散滿草面，

盛放番紅花使群山熠熠生光。

——荷馬，《伊利亞特》

　　雖然秋番紅的名字和外觀都與番紅花有驚人的相似之處，卻不是番紅花屬家族的真正成員。事實上它是一種含有劇毒的花，由於一八六二年最後一位受絞刑的英國女性案件而得此惡名。承案法官稱凱瑟琳·威爾遜（Catherine Wilson）為「有史以來最偉大的嫌犯」。她只被判了一起謀殺罪，但據信她至少謀害了六個人。這位護士專門對脆弱和孤獨的人下手，比如她的房東（她也因此案被繩之以法），並刻意與他們交好，目的是被納入受害人的遺囑中。一旦她確定能得到他們的遺產，就給受害者致命劑量的秋水仙鹼，並將死因捏造為自殺。

　　秋水仙鹼的作用與砒霜相似，可催吐和造成痙攣，然後是呼吸

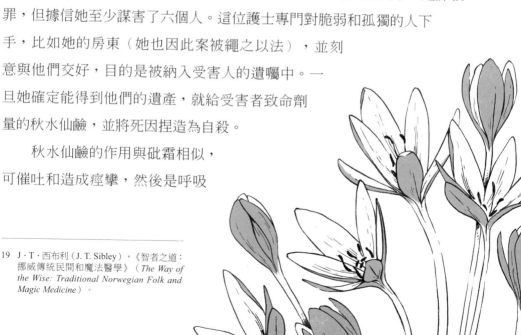

19　J·T·西布利（J. T. Sibley），《智者之道：挪威傳統民間和魔法醫學》（*The Way of the Wise: Traditional Norwegian Folk and Magic Medicine*）。

和心臟衰竭。瑞士醫生德奧佛拉斯特（Theophrastus）（後來自稱帕拉塞爾蘇斯〔Paracelsus〕）指出，希臘奴隸有時會吃少量的秋水仙使自己生病，逃避上工。

秋水仙以神話中的希臘土地科爾基斯（Colchis）命名，那是女巫美蒂亞居住的地方。美蒂亞是赫卡忒的女兒，是以精通毒藥而聞名的女術士。秋水仙是她最喜歡的植物之一，除了用來對付敵人之外，並贈予她喜愛之人交換青春和力量。她給傑森秋水仙，幫他給守護金羊毛的噴火公牛上軛而降伏牠們。若沒有美迪亞的毒物知識，特別是對有毒植物，傑森便無法通過任何神話裡的測試。

正如其名，秋水仙在每年下半年葉子還未出現之前就開花，因此它在民間也叫神蹟花（Mysterium）。儘管它既神祕又有毒，英格蘭人卻相信如果秋水仙在墳墓上盛開，就表示死者充滿歡喜。[20]

AZALEA
Rhododendrum luteum
杜鵑

蜂巢的數量確實驚人，蜂蜜的特性亦不勝枚舉。嚐了蜂巢的兵士都感到頭暈目眩，兼之嘔吐腹瀉，完全無法站穩。只要少量便能造成類似嚴重醉酒的狀態；多量則令人狀似發狂，部分兵士因此一蹶不起，顯然正在死亡的門外徘徊。兵士便如此躺臥著，數以百計，彷彿經歷了一場巨大

---

20 希爾德瑞克・佛蘭德（Hilderic Friend），《民俗療法：歷史文化的一章》（*Folk-Medicine: A Chapter in the History of Culture*）。

的戰敗,犧牲於最殘酷的絕望之下。然而,第二天並沒有任何兵士死亡;幾乎就在吃下蜂蜜的隔天同一時間恢復了理智,並在第三或第四天再度站起來,如同病患經過嚴格的醫療程序之後恢復生氣。

——色諾芬(Xenophon)《遠征記》(*Anabasis*),軍隊在黑海分食特拉比松(Trebizond)蜂蜜的紀錄

　　很多人都對公共花園裡的杜鵑花很熟悉,甚至也許在自家種植一兩株這種大型開花灌木。雖然它們很受歡迎,植株含有的毒素卻能導致疾病甚至死亡,如上方摘錄。關於這個故事,老普林尼在西元七十七年寫道:「事實上,這可能是她〔意指大自然〕的用意,想叫人類謹慎一點,別那麼貪吃?」

　　這種蜂蜜中毒現象是來自杜鵑花花蜜中的木藜蘆毒素(grayanotoxin,或稱四環二萜類毒素)。木藜蘆中毒眾所周知地被稱為「狂蜜病」,一般來說避免食用這類蜂蜜是明智之舉,但在尼泊爾和土耳其地區也當作消遣性毒品食用。[21]

　　杜鵑花固然有其危險性,卻在中國大量經過油炸或與豆類一起食用,花販子每天兩次使用嚴格的浸泡和瀝乾手續徹底去除毒素。杜鵑花在中國,特別是在雲南,被視為具有「傲嬌且純粹」的能量;納西族認為女孩被稱為杜鵑花,就表示她外表美麗,內心卻有毒。[22]杜鵑植株的葉片對納西人來說有另一種用途:東巴祭司在屋舍內焚燒葉子驅逐鬼魂,敬拜堂也出於同樣原因裝飾著杜鵑樹葉。

---

21 I・科卡(I・Koca)和 A・F・科卡(A・F・Koca),《狂蜜中毒簡史》(*Poisoning by Mad Honey: A Brief Review*)。
22 伊麗莎白・喬吉安(Elizabeth Georgian)和伊芙・艾姆什維勒(Eve Emshwille),《雲南西北民族的杜鵑花使用及相關知識傳播研究》(*Rhododendron Uses and Distribution of this Knowledge within Ethnic Groups in Northwest Yunnan Province*)

同一個地區的怒族有個故事，描述堅強的女子阿茸。鄰村的村長聽說了她的才幹，決定逼阿茸當他的新娘。阿茸得知這個詭計之後便跑進杜鵑樹林裡躲起來；她的追求者認為若自己得不到阿茸，其他人便也不能擁有她，於是將其藏匿的杜鵑樹林燒成平地。由於阿茸的勇敢和智慧，如今怒族尊阿茸為神，每年三月十五至十七日以她的名義舉辦鮮花節，以佩戴及獻祭杜鵑花紀念她。

中國西南部的彝族也有類似的故事。馬櫻花節（馬櫻杜鵑）於二月舉行，為了紀念年輕女子咪依魯。從前有一位腐敗的土官看上了咪依魯，當她被召到土官的宅子裡時，在髮間戴了一朵白色杜鵑花赴會，並用它在當晚兩人喝的酒裡下毒。她強撐著確定土官死亡之後，才也毒發身亡。她的情人朝列若背著遺體回家時，極度的悲傷令他的眼淚變成了血，並且永遠染紅了杜鵑花瓣，緬懷她的犧牲。

BASIL
Ocimumbasilicum

羅勒

於是她心痛,孤獨地死去,

為她的羅勒祈求到最後。

佛羅倫斯沒有心,卻仍哀悼

可憐她的愛,如此陰沉。

——約翰・濟慈(**John Keats**),

〈**伊莎貝拉;或一盆羅勒**〉(*Isabella; or, The Pot of Basil*)

　　羅勒是常見的食用香草,出現在許多廚房窗台上。但是它在法國被認為屬於魔鬼,並且唯有在種下時施以詛咒才會生長;因此有了法文諺語

「semer le basilic ——撒播羅勒種子」——意指憤怒地咆哮。這個迷信最初來自於古希臘人，然後是古羅馬人，相信人們越討厭這種植物，它就會長得越好。

　　然而，羅勒在義大利和羅馬尼亞有比較浪漫的含義，甚至會送給心愛的人作為求婚之用，或是展示在窗前，表示住在裡面的人已經準備好接受追求者了。薄伽丘（Giovanni Boccaccio）在十二世紀寫的文集《十日談》（*The Decameron*）裡，描述了一段從羅勒盆栽誕生的悲慘愛情故事，後來詩人約翰·濟慈改編。

　　故事描述麗莎貝塔——後來濟慈詩中稱為伊莎貝拉——與三位富有的商人哥哥住在墨西拿。儘管她的兄弟們期望她嫁得好，她卻愛上了在她家工作的窮人羅倫佐。哥哥們發現後，謀殺羅倫佐並掩埋其屍體，然後告訴麗莎貝塔他因公被派往國外。

　　隨著羅倫佐毫無音訊的時間越來越長，麗莎貝塔也變得越來越絕望。她每天晚上都在呼喚他，乞求他回來。一天晚上，羅倫佐的鬼魂果然現身，告訴她事情真相以及自己被埋葬的地方。麗莎貝塔第二天便偷偷溜出門尋找他的屍體，卻無法獨自一人將屍體搬回來。因此她割下頭顱，又為了讓它伴隨身側和保險起見，將頭顱埋在花盆，上面種著羅勒。

　　她每天都對著羅勒哭泣，用眼淚澆灌它。羅勒茂盛地成長，她卻因悲傷而變得虛弱，直到哥哥們發現她悲傷的原因，並拿走那盆羅勒和埋在土裡的可怕祕密。失去了羅倫佐和她心愛的羅勒，麗莎貝塔

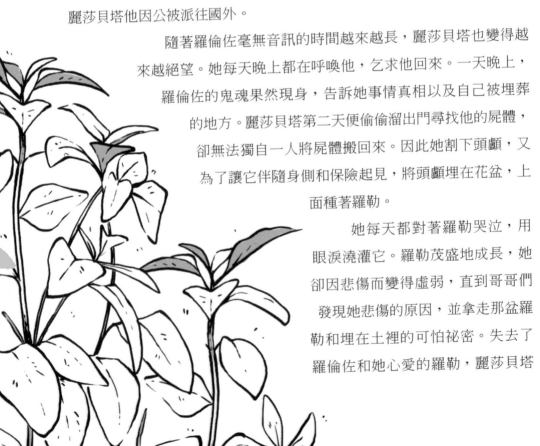

不久後就去世了。

與普通廚房裡常見的羅勒有關的是圖爾西（Tulsi, *Ocimum sanctum*），也稱為聖羅勒。聖羅勒在印度被視為神聖植物，專門獻給印度教神祇毗濕奴（Vishnu）。一則傳說解釋了這種聯繫：它是女神圖爾西的化身。圖爾西還是凡人時，悲痛欲絕地投身於丈夫火葬禮的柴堆上。就在那一刻，她的靈魂轉移到了植物中。

另一個傳說表示聖羅勒事實上是毗濕奴的妻子拉克希米（Lakshmi）的化身。據說若羅勒植株受到損傷，毗濕奴便會感到疼痛，並且拒絕傾聽任何損傷羅勒的凡人祝禱。但是在死後將一片聖羅勒葉放在屍體上，能確保毗濕奴看見死者的靈魂，歡迎靈魂進入天堂。

BITTERSWEET
Solanum dulcamara
苦茄

我不該覺得奇怪，因為它是物理的

從苦到甜的結局。

——威廉·莎士比亞，《一報還一報》（*Measure for Measure*）

苦茄是木本茄屬植物，與顛茄有直接的親戚關係，出奇地普遍，也很容易被忽視。這種旺盛的攀緣植物生長在樹籬和荊棘叢中，很容易被誤認為是紅醋栗；毫無疑問，任何誤食它的人都會懊悔不已。

這種藤蔓在林地和沼澤地區恣意生長，生有微小的紫色和黃色花朵裝飾，開花時甚至能同時結出漿果。小漿果一開始是綠色，然後變黃，成熟

時變紅。拉丁文名 dulcamara 來自 dulce amara，意味「又甜又苦」，指的就是漿果的味道：它們一開始嚐起來是苦的，之後轉甜。這個名字是由英國植物學家約翰・傑拉德（John Gerard）命名，但是在翻譯成拉丁文的時候前後倒置，自此將錯就錯。

揉捏植株，會散發甜味和過分的甜香，是出於苦茄鹼成分。該成分與另一種植株裡含有的茄鹼化合物結合起來之後，過量食用苦茄漿果將會造成中樞神經系統麻痺、呼吸系統癱瘓、痙攣和死亡。非致命的分量會引致暫時性失語，這種症狀曾經被認為是女巫的詛咒。

雖然苦茄有毒，但不列顛群島上的人卻認為它有抵禦魔法和巫術的保護能力。牧羊人的傳說描述苦茄藤蔓如何對抗邪惡之眼，保護綿羊和豬隻，讓女巫看不見牠們。同樣地，約翰・奧布里（John Aubrey）推薦它作為「治療受驚馬匹」的靈藥：「將苦茄和冬青扭在一起，如花圈般掛在馬脖子上；肯定能治好牠。」人們相信晚上留在田野裡的馬會受驚——因為女巫可能會在馬睡覺時騎牠穿越田野，使馬匹筋疲力竭和受傷，隔天一早留給馬主人已經毫無用處的坐騎。

在挪威，人們將苦茄、根爪蘭（heath spotted orchid，又譯健康斑點蘭或荒原斑點蘭，Dactylorhizamaculata）和樹木汁液混合搗爛之後，塗抹在人類和動物身上，不受惡魔力量左右。[23]日耳曼民間傳說也敘述它有抵禦惡魔的能力，並將其與精靈和仙女聯繫起來，因此它有「精靈草」（alprauke）之名。[24]許多具有攀緣習性的植物如耬斗菜和金銀花也都有相同的名字。

BLACKTHORN
Prunus spinose
黑刺李

黑刺李乃乖傲之流浪者，木工巧匠不取為薪；

觀其周身，縱使稀疏，鳥群卻於其間啁啾。

——作者不詳，《弗格斯·麥克萊提王震撼之死》

（*The Violent Death of Fergus mac Léti*）

對於熟稔於採摘黑刺李為杜松子酒調味的人來說，黑刺李在他們的腦中無疑地已經與秋天和一年中較昏暗的季節連結在一起。這些人的想法不無道理：這種有長刺的灌木數個世紀以來，一直與冬天和黑暗緊密聯繫。

黑刺李是春天最早開花的灌木之一，通常在三月至四月中旬開白花。然而，如果它開花過早，就是因為所謂的「黑刺李之冬」：溫暖的三月底緊接四月的冷鋒。每年稍晚，黑刺李的枝條結出的漿果數量會預示即將到

---

23 雷蒙·科衛德蘭（ReimundKvideland）和漢寧·塞姆斯朵夫（Henning Sehmsdorf），《斯堪的納維亞民間信仰和傳說》（*Scandinavian Folk Belief and Legend*）。
24 約翰·弗里德里希·卡爾·格林（Johann Friedrich Karl Grimm），《穿越德國、法國、英國和荷蘭的旅者見聞：致友人信件》（*Remarks of a Traveller Through Germany, France, England and Holland: In Letters to his Friends*）。

來的冬天。數量增加，表示冬天會很冷很長：

黑刺李多，冷腳趾也多。

——麥可·德南（Michael Denham），《德南民俗小冊》
（*The Denham Tracts*），一八四六至一八五九年

　　大部分的黑刺李傳說來自不列顛群島和北歐。它最常扮演的身分與無害的白刺李正好相反：白刺李通常被稱為山楂（Crataegus monogyna），經常生長在黑刺李附近。這兩種姊妹樹裡的山楂，被視為較具優勢的。

　　白刺李被認為是「森林女王」，代表幸運；黑刺李的名聲就不太好了。它在各個方面都代表倒楣和詛咒，據說是從異教徒身上長出來的，而基督徒的身體會長出受到祝福的白刺李。在五朔節的早晨（通常是五月一日），

25　威廉·希瑟頓－戴爾（William Thiselton-Dyer），《密德瑟斯的植物》（*The Flora of Middlesex*）。

[25] 五朔節花柱上會冠以白刺李和黑刺李，而十九世紀的習俗還會在當地女孩住家的門上掛花圈，每個花圈都表達了村人對屋裡居民的看法。白刺李花圈具有最高的褒揚意味，但黑刺李花圈用於那些被認為天性潑辣的女孩。[26]最糟糕的侮辱就是在門上掛一把蕁麻。

黑刺李的惡名起源可能來自它危險的刺。雖然白刺李的樹枝也有刺，黑刺李的刺卻特別長而且堅硬，容易造成大量出血。雖然樹本身無毒，樹皮上卻覆滿細菌，會引起發炎以及潛在的敗血症感染。人們相信這些長刺是魔鬼用來在女巫皮膚上做記號的工具。[27]而這些記號又被當成被告婦女是女巫的證據，雖然實際上受害者可能只是皮膚上長了胎記、被昆蟲叮咬、有疤痕或疣。許多被定罪的婦女除了記號之外，甚至沒有其他任何證據。亨利八世的第二任妻子安妮・博林（Anne Boleyn）的脖子後方就有胎記，助長了民眾對她的尖刻批評。

據說黑刺李的刺具有占卜的力量，在威爾斯地區（Wales）被用來測試情人的忠誠度。格拉摩根郡（Glamorgan）蘭布錫安村（Llanblethian）中的少女們會將刺投進井裡：若刺浮起來，就表示她們的愛人是忠誠的；但若向下沉，那麼愛人的心就令人懷疑了。然而，如果刺不斷旋轉，便表示愛人的個性開朗；假使只是稍微下沉，表示情郎極可能是個頑固的人！

黑刺李的刺通常稱為「睡眠之針」，英國女巫會拿它來黏在蠟像裡，或放在馬鞍下害騎士摔下馬。黑刺李木還非常適合製作用來下咒的「猛擊杖」。由於它和女巫的牽連，使得教會在十六世紀譴責它是女巫的工具，以它作為焚燒女巫的火堆木材。

這種灌木不僅象徵女巫，在許多歐洲童話故事中都被描繪成不祥的

26　凱瑟琳・泰南（Katharine Tynan）和法蘭西斯・梅特蘭（Frances Maitland），《花之書》（ *The Book of Flowers* ）。
27　佛雷德・黑格內德（Fred Hageneder），《樹木的意涵》（ *The Meaning of Trees* ）。

樹，蘇格蘭和愛爾蘭的凱爾特人對它格外留心。他們稱之為「straif」（咸認是英語單字「strife」〔衝突〕的起源），並相信它是所有黑暗祕密的守護者。它與冬之母卡利亞奇（Cailleach）有關；冬之母是一位老婦人，在薩溫日（Samhain，十一月一日）出現，從夏季女神布麗姬（Brighid）手裡接管一年接下來的時節。她在蘇格蘭被稱為冬之女王貝拉（Beira），頭戴藍色面紗，一邊的肩上佇立著渡鴉，手中擎著召喚風暴和惡劣天氣的黑刺李木杖。黑刺李深色的木材和扭曲的外型，在外觀上與其持有者如出一轍，所以這種樹和女神都被稱為「森林裡的黑暗老太婆」。

雖然黑刺李向來與卡利亞奇配對，愛爾蘭的凱爾特人卻還認為這種樹上也住著露南堤西（Lunantisidhe）：這些不友善的月亮妖精會用長長的手臂和手指爬上黑刺李的樹枝，詛咒靠近它的人。露南堤西離開樹梢的唯一時刻，是在滿月時敬拜月亮女神雅莉安洛德（Arianrhod）。此時採集黑刺李或砍伐木頭做成棍子是最安全的。

黑刺李棍也稱為巴塔（bata），用於傳統的愛爾蘭棍鬥。雖然也可以用冬青、橡木或白蠟木等其他木材製成，黑刺李卻是首選，因為它是硬木，根團也很容易塑成棍頂的圓手把。據說這種黑木杖可以保護行走於鬧鬼或被詛咒之地的人；但是很快地，攜帶它的人便被懷疑施用巫術，例如湯瑪斯・偉爾少校（Major Thomas Weir）的案子，一六七〇年他在愛丁堡與相傳是他施用巫術的主要工具黑刺李杖一同遭受火刑處死。

有趣的是，黑刺李的黑暗名聲越滾越大的同時，它的姊妹樹白刺李卻始終保持清白。肉類腐爛時產生的三甲胺也自然存在於白刺李的花朵裡，因此在開花季節即將結束時，白刺李樹會散發出令人不快的腐爛氣味。或許正因如此，威爾斯人相信白刺李樹是通往異地和死者樂土安溫（Annwn）的門戶。

BLUEBELL
Hyacinthoides non-scripta
藍鈴花

他躺下，

紫色石楠遍布之處，

亦有喉草，配著蔚藍的鈴鐺，

苔蘚，百里香，頭枕無比舒服。

——華特・史考特爵士（**Sir Walter Scott**），

《洛克比》（*Rokeby*）詩集

自古以來，藍鈴花在不列顛群島被視為春天的先驅，並與精靈世界密切相關，大多得歸功於它們精緻的鐘狀花朵——其他的鐘狀植物也能引起同樣的聯想。據說藍鈴草原充滿魔力，令人又愛又畏。藍鈴花響起是為了召喚仙女參加聚會，所以若有凡人聽見鈴聲，便注定在仙女聚會前死去。

在芬蘭，鈴聲嘉惠的是老鼠，而不是仙女。藍鈴花在當地稱為「貓鈴」（Kissankello），傳說中有一隻貓特別留意一群老鼠，令牠們深受其擾。牠們密謀在貓脖子上繫鈴鐺，但沒有一隻老鼠願意自告奮勇做這件事。正當牠們爭論人選

時，仙女無意中聽見，並提議向牠們買鈴鐺。她接過鈴鐺後便將它變成一朵藍色的花，每當貓靠近就會響起。

羅馬人稱藍鈴花為維納斯的鏡子，紀念維納斯曾經擁有的一面鏡子，能使映照出的一切顯得比本人更美。維納斯無意之間在田野間落下了鏡子，一位牧羊人撿起它之後便愛上了自己的美貌。

邱比特看到這個情況之後擔心後果，便射箭將鏡子打破成閃閃發光的碎片，變成藍鈴花。

雖然藍鈴花很漂亮，鱗莖卻含有劇毒。海蔥苷是一種糖苷，類似於毛地黃中的化學物質；毛地黃是另一種深受民間喜愛的鐘形花朵。海蔥苷會降低脈搏，使心律不整，這也許就是為什麼人們相信徘徊在藍鈴花叢裡會讓人進入永不甦醒的魔法長眠。

藍鈴花的學名在一九三四年之前是 *Endymionnon-scripta*，為了紀念恩底彌翁（Endymion），他是希臘月亮女神塞勒涅（Selene）的情人。塞勒涅深愛他的美貌，而且不願與任何人分享恩底彌翁，便令他陷入永恆的睡眠，唯有自己可以凝視著他。另一個與睡眠有關的故事來自愛爾蘭，格蘭妮雅（Gráinne）是一位公主，被指派嫁給神話裡的獵人芬·馬庫爾（Fionn mac Cumhaill）。然而，她愛上了半神狄爾默（Diarmuid）。她在婚禮上將藍鈴花汁液混入來賓的酒裡，趁著他們睡著的時候和狄爾默私奔而去。

雖然藍鈴花在歷史上被草藥師推薦作為防止惡夢的藥草，卻沒有證據表示藍鈴花確實有催眠作用，植株的有毒特性更顯示，如果它能帶來任何睡意，肯定就是永久的長眠。

然而，鱗莖的黏稠汁液確實有另一種功用：曾經當成膠水黏合箭羽，也用於裝訂書籍，因為汁液的殺蟲效果能阻止昆蟲啃食書頁。

BROAD BEANS
Vicia faba
蠶豆

他很快地開始爬行，

接著如山堅定聳立。

當他開始養活自己時，

他種下許多蠶豆，

植株壯實且隨風飄揚，

成熟的茂盛穀物成排站立，

麥和麻茂密繁盛，

瓜類四處綿延。

——中國民間詩歌《我們人民的誕生》（*Birth to Our People*）[28]

　　蠶豆是風靡全球的農作物，甚至算不上有毒性。它們之所以在本書中占有一席之地，是因為它們從古羅馬帝國時期起就與死者形成奇妙的聯繫，直到今天仍存在於我們的習俗之中。

　　要了解為什麼豆類對羅馬人如此重要，必須先了解他們在這個傳統剛開始的特定時期對死者的看法。那時死者被視為需要安撫和尊重的，如果生者不能討死者歡心，不安息的死者就會回來纏著他們，稱為「死者之魂」（lemures 或 larvae）。這些怪誕扭曲的鬼魂會折磨還在世的親人，給全家帶來不幸、瘋狂或疾病。這種恐懼甚為普遍，所以人們給致命瘋症一個廣

---

28 原文為詩經《大雅生民》：「誕實匍匐，克岐克嶷。以就口食。蓺之荏菽，荏菽旆旆。禾役穟穟，麻麥幪幪，瓜瓞唪唪。」

泛的名稱「屬於死者」（larvaetus）。若是最近死去的人並非安詳離世，則更有可能返回人間作亂，例如死於暴力的人（打仗殉職除外）、自殺、沒有墳墓者或安息之所的人。

古羅馬人在每年五月初會舉行驅魂節（Lemuralia），在這段期間會舉行儀式驅除鬼魂。一家之主在半夜起床，一面在屋子裡走動一面將豆子拋向肩膀後方，唸誦：「我送你們這些豆子；用這些豆子請求我和家人的赦免。」很自然地，這個習俗導致人們認為整個五月都會造成不幸的婚禮，而有了諺語：「壞女孩才在五月結婚！」（Mense Maio malae nubunt）

那麼糾纏人的「死者之魂」和蠶豆之間究竟有什麼關聯？羅馬人相信死者的靈魂會進入蠶豆植株中空的莖，待在那裡直到蠶豆成熟。若某人相信豆莖上每顆豆子都是無法安息的靈魂，那麼結實纍纍的蠶豆田看起來肯定很可怕。然而，並沒有人害怕吃蠶豆：任何吃了夠多蠶豆的人都知道它會引起慢性脹氣，而這個現象被視為死者往應去之處逃竄的跡象！蠶豆會

存放在屋外作為保護措施，希望「死者之魂」只會取走豆裡的靈魂，而不是活人的靈魂。

對於著名的希臘哲學家畢達哥拉斯（Pythagoras）來說，對蠶豆的恐懼可不是鬧著玩的。歷史上有多個關於他死亡原因的不同說法；其中一個傳說描述當他遭追捕時，發現自己被困在一片蠶豆田裡。由於他不願意踩踏植株，猶豫太久的結果是讓兇手趕上了他，將他打死。

蠶豆與死者不僅在過去的歷史裡有聯繫。在現代羅馬，稱為「死人豆」（favedei morti）的蠶豆形餅乾仍然在十一月二日的義大利亡靈節日烘烤和食用。

這種習俗遠傳到了不列顛群島，那裡的人們——尤其是約克郡（Yorkshire）——相信死者住在蠶豆花中。許多的事故，特別是煤礦坑事故，多半發生在蠶豆開花的時節。[29]雖然這些事故更可能是因為雨季的大雨使礦井周圍的土地變軟，不過兩者之間的關聯就此深印在人們的心裡。

BRUGMANSIA
Brugmansiasuaveolens
大花曼陀羅

無情的時光！悄悄躡足竊取，

攫去死者的獎盃。

名望，在雄心勃勃的金字塔頂端，

隨著嘆息，小號靜靜落下；

榮耀之手漸軟弱

必將消亡，如沙灘上的足跡；

但美德與好人之盛名

神聖火焰並不隨之消逝。

——威廉·萊爾·鮑爾斯（**William Lisle Bowles**），

〈霍華之墓〉（*The Grave of Howard*）

29　悉尼·歐達爾·艾迪（Sidney Oldall Addy），《家戶傳說與其他傳統習俗》（*Household Tales with Other Traditional Remains*）。

大花曼陀羅是原產於南美熱帶地區的大型樹木或灌木。常見的通名「天使的小號」，與白色大花的喇叭形狀有關，這些從樹梢垂下的花可以長到二十英寸寬（約五十公分）。「天使的小號」一名也偶爾用於曼陀羅屬植物；大花曼陀羅在一八〇五年重新分類之前也曾經歸於這個屬（大花曼陀羅現歸為木曼陀羅屬）。雖然它們是受歡迎的觀賞植物，並普遍種植，卻被列為在野外已經滅絕的物種；據信從前散播大花曼陀羅種子的動物也滅絕了，所以它現在完全依賴人類生存。

　　大花曼陀羅曾經稱為「Floripondio」，這個名字可以追溯到西班牙征服者時期。貝爾納貝·科博神父（Bernabé Cobo）在一六五三年如此描述它們：

　　它的花朵是樹木和灌木中最大的，很漂亮，色白；長度約有一掌，五個尖端從非常寬大的嘴向後彎……它們的香氣如此濃郁強烈，我們必須從遠處而非近處嗅聞，屋裡只要有一朵這樣的花散發濃郁的香氣，就能令人不適，通常還會引起頭痛。

　　科博記錄的強烈氣味正是大花曼陀羅的特點。光是花粉就能刺激鮮活的夢，和開花的植株同處一室裡也可以產生效果。在它起源的南美洲，人們相信睡在花下可能會導致精神錯亂。[30]

　　讓人產生幻覺的不僅僅是花粉；植株的所有部分都含有劇毒。中毒之後先會刺激，隨後鈍化中樞神經系統，引起幻覺、妄想、語無倫次和抽搐，最後失去意識。它誘發昏迷的特點被西班牙征服前的哥倫比亞波哥大（Bogotá）

30　T・E・洛克伍德（T. E. Lockwood），《大花曼陀羅的民族植物學》（*The Ethnobotany of Brugmansia*）。

地區奇布查人（Chibchas）應用：當酋長或戰士死亡後，他們會在葬禮上將植株混合在玉米啤酒和菸葉中，交給死者的妻子和奴隸使他們昏迷，然後與其丈夫和主人一起活埋。[31]

　　儘管大花曼陀羅有其危險，但它始終是受歡迎的致幻藥物。維多利亞時代的人將它作為室內植物種植，並在它下面飲茶：飲茶者輕拍花朵，讓花粉落進茶杯裡。由此產生的快感據說類似服用迷幻藥 LSD。

　　但是，若直接攝入過大劑量的植株，致幻效果據說是「可怕而不令人愉快」[32]，並且可以引起強烈的恍惚感，當事人會無法意識到自己產生幻覺，並可能產生精神性的視覺障礙，以為看到的是人類以外的物體，例如外星人或惡魔。二〇〇三年，德國一位少年在喝了一杯以葉片沖泡的茶之後產生了視覺幻象，甚至因此割斷了自己的舌頭和生殖器。這種茶在馬德拉群島（Madeira）生產，作為娛樂之用，但由於其危險性而眾所周知地被稱為「魔鬼茶」。

　　縱然有這種看似可怕的毒物潛力，祕魯安地斯山脈和厄瓜多爾亞馬遜

---

31 理查‧伊文斯‧舒茲（Richard Evans Schultes），《植物王國和致幻劑第三部》（*The Plant Kingdom and Hallucinogens Part III*）。
32 克里斯汀娜‧普拉特（Christina Pratt），《薩滿學百科》（*An Encyclopedia of Shamanism*）。

流域各部落的儀式和傳統醫學卻都已經使用大花曼陀羅數千年了。人類自古以來使用致幻植物作為人類和性靈世界的仲介；大花曼陀羅在安地斯山脈稱為迷斯哈斯（mishas），在成年禮、與祖靈對話、占卜儀式中占有舉足輕重的地位。

　　人們認為大花曼陀羅的精神形象是一頭公牛，將葉子呈十字形綁在額頭上，就會被賜予看透人心好壞的能力。較小的粉紅大花曼陀羅（*B. insignis*）也具有相同的刺激作夢的效果。這個種的精神形象是一頭獵犬，並且能幫助作夢者在夢中尋找丟失的東西。其他的種各以美洲獅、熊或蛇的形象出現。[33]大花曼陀羅還可以幻化為動物之外的形象。作為矯正手法，人們會將不聽話的孩子們跟大花曼陀羅放在一起，相信它會召喚祖靈，訓誡孩子們的不良行為。

BRYONIA, WHITE
Byronia dioica
白瀉根

……採草藥取來類似毒茄蔘的根或者白瀉根，將它們當作真正的毒茄

蔘，製成醜陋的形象，

代表他們打算對其施展巫術的對象……

——威廉·科爾斯，《草藥的藝術》

33　文謙佐·德費奧（Vincenzo De Feo），《大花曼陀羅在祕魯北部傳統安地斯醫學儀式的使用》（*The Ritual Use of Brugmansia Species in Traditional Andean Medicine in Northern Peru*）。

　　白瀉根是葫蘆科的一員，熱愛攀緣，常常無預警地出現在樹籬上，並迅速獲得壓倒性的地位。民間給它的名稱，例如「死亡爬行者」和「死亡令」，都貼切地描寫出它的毒性；它的漿果尤其毒，只要十顆就足夠殺死一個小孩。

　　值得注意的是，另外有一種名字相似的植物「黑瀉根」（拉丁文為Dioscorea communis，中文亦名黑蔓草）。雖然兩者在植物學上不相關，外觀卻非常相似。它們都在夏天開小花，冬天結紅色漿果，但是黑瀉根的葉子是大的心形，白瀉根有裂葉和幫助它攀緣的卷鬚。我們應該對兩者保持距離；因為它們都有毒。

　　不列顛群島的白瀉根聞名之處在於它被作為冒牌毒茄蔘販售。由於毒茄蔘需要至少三年才能成熟，具有大塊莖根的植物如瀉根、白星海芋和魔法茄[34]因而被當作「英國毒茄蔘」出售，並宣稱與真正的毒茄蔘具有相同的力量。毒茄蔘因其根部狀似人形而知名，因此這些植物會先從土裡被挖出來，以人力將根部雕刻成粗略的人形，然後再埋回土裡，直到新鮮的刻痕癒合。

34　原文 enchanter's nightshade，拉丁文名 Circaealutetiana，中文或譯為歐洲露珠草。

湯瑪斯‧布朗爵士（Sir Thomas Browne）於一六四六年描述了另一種為了不同目的的切割技巧。人們將根「雕成各種男女形象，先將大麥或小米粒黏在預計長出頭髮的位置；然後把它們埋在沙子裡直到穀粒發根，最多需要二十天；接著將細小的根鬚修剪成時髦的鬍鬚樣式或髮型……」這些毛茸茸的人偶不是為了假裝成毒茄蔘騙人購買，而是參加「維納斯之夜」比賽，雕刻最精準的就能獲得獎項。

白瀉根因其生長尺寸而成為人們最愛雕刻的材料。它可以長到三十公分長，十公分寬，植物學家尼可拉斯‧卡爾佩珀（Nicholas Culpeper）在一六六三年寫道，曾有人向他展示「重半英擔〔五十六磅〕（二十五公斤）的白瀉根，和一歲兒童一樣大」。

BUTTERCUP
Ranunculus spp.
毛茛

毛茛，名字如旋律般悠揚

曾經在利比亞平原上迷住痴醉的水澤仙子，

而今在青翠的田野裡炫耀它的華服，

苦於相思病的外貌背叛了祕密之火；

被自己的歌聲迷惑，思緒被縛

閃爍為擄獲他人的心而設計的愉悅火焰。

——荷內‧哈龐（René Rapin），〈詠花〉（*Of Flowers*）

毛茛這個名字可能會讓人聯想到精緻的螺旋花瓣和完美的球形花朵，但是野生毛茛和其人工培育的表親大不相同。在我們的草原和花園裡最常見的毛茛種是匍枝毛茛（*R. repens*）和草甸毛茛（*R. acris*），這兩種快樂的小雜草慷慨地用黃色花鋪滿田野和路邊。毛茛的拉丁文學名來自它們傾向在河流和溪流附近生長的性格，「rana」和「unculus」的意思是「小青蛙」，因為它們就像春天的青蛙一樣繁多。在某些地區，它們也因為葉子的形狀被稱為「烏鴉足」或「烏鴉花」。

　　雖說毛茛看似快樂的春天先知，但葉片含有化學物質毛茛鹼，觸摸時可引起人類皮膚炎，如果誤食，嘴裡會起嚴重的水泡。根據稱它為「兇猛咬人草」的植物學家約翰・傑拉德記載，這個特性在一五〇〇年代曾被乞丐利用：「狡猾的乞丐會踩碎葉片，放在自己的腿和手臂上，形成我們（在這些邪惡的流浪漢身上）日復一日見到的骯髒潰瘍，博取人們憐憫。」

　　有一則波斯傳說描述了毛茛花的由來。地球上還沒毛茛的時候，曾經有一位喜歡穿戴綠色和金色的年輕王子。他愛上了生活在宮殿附近的美麗水澤仙子，並藉由夜以繼日地為她歌唱宣告他的愛，希望她能回報他的感情。這個故事有兩個可能的結局——其一是仙女拒絕他的感情，在他死於心碎之後，身體變成一株毛茛；其二是仙女厭倦了他的歌聲，親手將他變成毛茛，永遠閉嘴！

CARNIVOROUS PLANTS
Ocimumbasilicum
食蟲植物

接著我覺得空氣變得稠密，被看不見的香爐薰蒸，

輕搖香爐的熾天使，腳步在簇絨的地板上答拉作響。

「可憐人，」我嘆道，「上帝派天使為你送來忘憂藥（nepenthe，亦指

豬籠草），緩解你對麗諾爾的思念；

大口喝吧，大口喝下這慈悲的忘憂藥，忘掉失去的麗諾爾！」

烏鴉答曰：「永不復焉。」

——埃德加·愛倫·坡（Edgar Allan Poe），〈烏鴉〉（*The Raven*）

我們所知的大多數植物都從周圍的土地和水氣中汲取養分。與這種無

害的存在相比，食蟲植物——藉著誘捕和食用動物和昆蟲，獲得部分或大部分營養的植物——有著令我們著迷的異常習性。此一出於必要演化而來的特性，大多是因為生長環境缺乏營養，例如沼澤和多岩石的高山土地，那裡的土壤很貧瘠，不利於植物的健康生長。

正如查爾斯·達爾文在他一八七五年的著作《食蟲植物》（*Insectivorous Plants*）中所述，食蟲植物有六種基本類型：陷落式陷阱，也就是豬籠草；沾黏陷阱（如毛氈苔）；快門式陷阱，捕蠅草最常具備的功能；吸盤陷阱；捕蟲囊陷阱；和單向開口式陷阱。所有這些類型都演變出各種「獵捕」機制，欺騙、誘捕或以其他方式消化生物，確保自己的生存。

瓶子草（PITCHER PLANT）：
豬籠草屬（*Nepenthes spp.*）和瓶子草屬（*Sarraceniaceae spp.*）

豬籠草的「籠子」部分是經過特殊演化的葉子，捲曲成不透水的杯形陷阱以容納消化液。杯子邊緣往往敷有花蜜吸引獵物，獵物一旦觸碰到杯壁就會打滑，無法往回爬出。杯內的液體就會淹沒獵物，並逐漸消化。一些最大的物種，例如大花豬籠草（*Nepenthes rafflesiana*），甚至能夠捕捉和消化蝙蝠、蜥蜴和老鼠。

豬籠草屬以能夠治癒悲傷的虛構希臘靈藥命名。在奧德賽中，帕里斯給特洛伊的海倫「尼盤瑟」（nepenthe），幫助她忘記老家。雖然豬籠草的屬名出於此靈藥，但老普林尼和迪奧斯科里德斯（Dioscorides）等古代作家卻認為該靈藥其實應該是琉璃苣，更多當代學者懷疑是鴉片。

最引人注目的豬籠草種之一是蘇門答臘巴利杉山（Barisan）的豬籠草特有種：龍豬籠草（*Nepenthes naga*）。當地民間傳說聲稱龍曾經生活在這個地區，而龍豬籠草的外觀正與故事不謀而合。naga 是印尼語的「龍」，它的籠蓋下面長出的附屬物形狀很像蛇（或龍）的舌頭。

另一種瓶子草物種是沼澤瓶子草（*Heliamphora*）。拉丁名中的 heli 曾被誤解為來自希臘語 helios，意思是太陽，導致有了太陽瓶子草這個將錯就錯的名字。其實它正確的名字起源是 helos，意為沼澤。

南美洲的一個特有種叫做帕塔索拉瓶子草（patasola），源自神話中的吸血鬼帕塔索拉（patasola）。這個美麗的女人會在深夜出現在叢林和山脈中，引誘落單的牧民、伐木工人或礦工進入灌木叢。當他們完全迷路之後，她就會現出真實型態——單腳，長著大牙齒和大眼睛的分趾蹄生物——將他們吞掉。她吃飽後會爬上樹，自顧自唱出如下的歌曲：

我不僅僅是女妖，

我獨自生活在世上：

沒人能抗拒我

因為我是帕塔索拉。

在路上，在家裡，

在山和河上，

在空中和雲端，

凡存在世上的都屬於我。[35]

毛氈苔（SUNDEW）：*Drosera spp.*

毛氈苔屬裡有將近兩百個種，從阿拉斯加到紐西蘭的各種氣候中都可以見到。然而，絕大多數的種生長在南半球較熱的地帶，包括澳洲、南美洲和非洲南部。毛氈苔的拉丁學名 Drosera 來自希臘語 drosos，意思是露

---

35 哈維爾・歐坎波・羅培茲（Javier Ocampo Lopez），《哥倫比亞的傳說和故事》（*Mitos, Leyendas y Relatos Colombianos*）。

水，指的是植株穗狀物上的露珠狀黏液。

這種植物的特徵是覆蓋表面的穗狀物，也叫腺毛。每根腺毛的末端都有一滴含有糖分的黏液，它能吸引獵物並阻止獵物逃脫。接著腺毛會向內捲曲，使獵物盡可能接觸到最多的腺毛，加快攝食速度。獵物或因掙扎而力盡致死，或被植株內分泌的酶消化。

雖然毛氈苔對四處遊蕩的昆蟲來說很危險，但已經證明有多種對人類有用的方式。它們自十二世紀以來，在義大利和德國用作草藥「太陽草」（Herba Sole），是治療咳嗽和哮喘的處方茶飲和藥劑配方。某些澳洲原住民也認為球莖是可以食用的珍饈，或用於染製紡織品；在蘇格蘭高地，圓葉毛氈苔（*D.rotundifolia*）則用於製作紫色或黃色染料。[36]

圓葉毛氈苔又叫義大利毛氈苔，也用於製作名為羅索里歐（Rosolio）的利口酒（來自拉丁語「太陽的露水」〔rossolis〕），它的現代生產配方幾乎與十四世紀的版本完全一樣。這種亮黃色的烈酒起源於義大利，最初作為藥物和壯陽藥。這種用途的演變在許多早期的甜酒很常見，醫生起初開立這些酒精性藥物是為了提振心靈，之後卻因為廣泛受歡迎而成為娛樂性飲料。

早期的羅索里歐是由毛氈苔、糖、香草、水和生酒製成。一般認為同為薑科的莎草[37]和天堂椒也囊括在內，以增加暖度。另一個版本是一六〇〇年代的配方，出自休·普拉特爵士（Sir Hugh Platt）的《給仕女們的樂事》（*Delightes for Ladies*）：

取藥草羅莎索里斯（Rosa-Solis，毛氈苔別名）一加侖，挑除葉片

---

36 愛德華·德威利（Edward Dwelley），《德威利版蘇格蘭蓋爾語圖解詞典》（*Dwelley's Illustrated Scottish-Gaelic Dictionary*）。
37 若依照原文 galingale，便是莎草科莎草屬植物 Cyperus longus，其根狀莖有香味，可做香水；中醫也以莎草根入藥；但是文中後續提到此植物與天堂椒同為薑科，與事實有誤。維基百科的 galingale 條目說 galingale 一字也是南薑 galangal 的變體，若作者指的是南薑，則是薑科無誤。

上所有的黑色筋，椰棗半磅，肉桂、生薑、丁香各一盎司，穀物半盎司，細糖一磅半，紅玫瑰葉子，綠色或乾燥的四把，將所有材料浸泡於一加侖的好甜酒（Aqua Composita）內，裝在用蠟封住的玻璃瓶中二十天，每兩天搖勻一次。糖必須是粉狀的，香料稍微壓過或粗略捶過，棗子切成細長片，去核。如果在其他成分之外再加兩三粒龍涎香或盡可能多的麝香，成品就會有令人愉悅的氣味。有些人加入琥珀、磨細的珊瑚和珍珠，或細金箔。

植物學家蘇珊·維何克－威廉斯（Susan Verhoek-Williams）曾記錄道，中世紀的法國巫師使用毛氈苔葉，確保工作時不會疲倦。據說這些植物在晚上會發光，而且受到啄木鳥的青睞，能使牠們的喙變硬。人們也將這些屬性賦予扇羽陰地蕨（Botrychium lunaria），這是早期手稿中很常見的描寫；許多後來被重新分類，具有不同名字的植物在那個時期被誤譯、誤認、插圖粗糙不全或對植物瘋狂猜測。結果，據信應該是植物屬甲的故事和迷信，另有人堅稱其實應該描寫的是植物屬乙。

捕蟲菫（BUTTERWORT）：*Pinguicula spp.*

捕蟲菫是生長在歐洲、北美和亞洲北部的食蟲植物。類似於毛氈苔，平扁的葉片上塗有黏性酶，吸引和捕獲獵物之後會向內捲曲，防止獵物逃跑。它們在潮濕、養分貧瘠的地方長得最好，例如沼澤和潮濕的荒地，所以也被稱為沼澤紫羅蘭。Pinguicula 這個拉丁文名字是林奈（Linnaeus）取的，意思是「油膩的小植物」。

這種植物特別受到蘇格蘭人的喜愛，他們會將它掛在有遺體等待入土的屋舍門上，防止死者復活。人們還認為，如果一個女人摘下九條捕蟲菫的根鬚，將它們打結做成一枚戒指，然後將它含在嘴裡親吻男人，便能使

對方永遠順服她。

　　捕蟲堇的英文通名奶油草來自蘇格蘭人和赫布里底人（Hebridean）的信仰，相信這種植物可以保護牛奶，不受女巫施法。人們用葉片擦抹牛隻乳房，保護它免受邪惡的影響，這種保護也可以藉由牛吃捕蟲堇達成。據信，捕蟲堇可能就是默丹（mothan），在愛爾蘭稱為默安（moan），是傳說中的藥草護身符，能保護牛隻不受巫術侵擾。在赫布里底群島，若某人奇蹟般地撿回一條命，人們便說他「喝了吃過默丹草的母牛的奶」。[38]

CHERRY LAUREL
Prunus laurocerasus
桂櫻

你可以看到桂櫻樹圍，

花朵碩大，香氣濃郁

生自山之精靈髮間，

麝香與黑暗，光亮與空氣，

令寂靜充滿驚奇。

——麥迪森・朱利宇斯・凱溫（**Madison Julius Cawein**），

〈心靈富足之地〉（***The Land of Hearts Made Whole***）

　　桂櫻是維多利亞時代和現代園丁的最愛，人們最常以簡單的名字「月桂樹」稱呼它，在美國通常被稱為英國月桂樹。這個快速增長的圍籬植物

38　阿拉斯代爾・阿爾平・麥葛雷戈（Alasdair Alpin MacGregor），《泥炭火焰：高地和島嶼的民間故事及傳統》（*The Peat-Fire Flame: Folk-Tales and Traditions of the Highlands and Islands*）。

有富光澤的深綠色葉子，栽培於全球溫帶地區。

雖然它很受歡迎，但植株的葉片和果核都含有相當程度的氰化物，能使神經系統缺氧並可能導致死亡。至今沒有紀錄顯示有人因接觸植物而死亡，卻有報告指出不察的園丁在運送桂櫻枝幹時感到頭暈目眩。雖說它不適合任何負責操控機器的人，但愛德華時代的昆蟲收藏家充分利用了這個特點：對大部分人來說，在不損壞脆弱身體的情況下殺死標本是一項挑戰，因此當時流行的技巧是用裝有壓碎桂櫻葉片的罐子捕昆蟲，並將其密閉在罐內，由氰化物氣體完成這項任務。

蒸餾桂櫻葉片也能得到氫氰酸，又稱普魯士酸。這種桂櫻水備受羅馬皇帝尼祿青睞，用在毒化敵方城市的水井；而且也是一七八〇年，西奧多西厄斯‧波頓爵士（Theodosius Boughton）的姊夫用來毒殺他的方式，這是當時最精采的氰化物中毒事件之一。若波頓在他二十一歲生日之前死亡，被告約翰‧唐納蘭船長（Captain John Donellan）將可以繼承一大筆財富，唐納蘭便密謀用桂櫻水毒死波頓。雖然對死因的初步判定是生病，唐納蘭也百般阻撓後續的調查，最後死者的母親卻揭發了唐納蘭，認出來氰化物的苦杏仁味與波頓去世那天飲用的飲料氣味相同。

CORN COCKLE
Agrostemma githago

麥仙翁

> 混於玉米中能致害，令麵包變質，同時變色、變味、損害健康，害處廣為人知且不喜。
>
> ——約翰・傑拉德，《大草藥典》

麥仙翁是迷人、精緻的野花，如今越來越罕見了，但曾經在北半球瘋狂生長。它曾和罌粟、矢車菊，以及其他野花，蓬勃地生長在犁過的農田裡。麥仙翁天性堅韌，石器時代的聚落和龐貝城遺跡都有它的蹤影。

今日農田裡麥仙翁數量減少，主要原因是農民決心不讓它混進收穫的作物裡。它的整株植株，尤其是種子和油中含有糖苷和農桿菌酸，使麵粉變質之後，做出的麵包顏色灰暗，入口苦澀。一小撮種子就足以殺死一匹馬或人類，能令呼吸系統癱瘓，直到受害者窒息而死。現代多用除草劑迅速除掉它的身影，但是法國四旬期（Fête des Brandons）的第一旬星期日的儀式之一是從玉米收成裡抽出麥仙翁；而在英格蘭則於稱為玉米秀的活動中有同樣的做法。[39]

立陶宛有種叫做庫卡利斯（kūkalis）的蛇狀生物（立陶宛文直譯就是英文的通名「玉米雜草」corn-cockle），牠

---

39 羅伯・錢伯斯（Robert Chambers），《蘇格蘭流行歌謠》（*Popular Rhymes of Scotland*）。

的危害是讓玉米作物枯萎。庫卡利斯與考卡斯（kaukas）密切相關，後者是收穫期的家庭小精靈，兩者扮演同樣的角色。[40]

CUCKOO PINT
Arum maculatum
白星海芋

母親，找三顆紅色漿果

將它們從莖上摘下來，

在第一聲雞啼時焚燒

使我的靈魂無法行走。

——伊麗莎白・西達爾（Elizabeth Siddal），〈終於〉（*At Last*）

　　在所有春天盛開的花朵中，白星海芋也許是最不尋常的植物之一。它沒有令人聯想到春天的豔麗多彩的花朵，並且由於其雙性的特質，在某些地區被稱為「領主與貴婦」。它的中心會長出大花穗，也就是植物稱為肉穗花序的「雄性」部分，由淡綠色「雌性」變形葉片佛焰苞保護。英文通名「cuckoo pint」中的「pint」是古英語「pintel」的縮寫，意指陰莖。它在林區或沿河岸生長得最好，是土地健康和營養豐富的指標。因此，德國人認為若是它生長旺盛，就代表森林的靈很豐富滿足。

　　白星海芋依賴蒼蠅為其授粉，所以生長在肉穗花序上的微小簇狀花朵會散發腐肉氣味吸引蒼蠅。植株本身也會加熱周遭空氣，使自己更有吸引

40　黛娃・舍施考斯凱特（Daiva Šeškauskait　），《神話中的植物》（*The Plant in the Mythology*）。

力；它可以將周圍的溫度提高攝氏十五度，這個經過研究發現的特性是從一七七七年就有紀錄的。

秋天，肉穗花序會長出一串串鮮紅色的漿果。這些漿果和植物的根部含有皂苷，這種辛辣的毒素使植物具有苦味，並引致長時間的皮膚灼傷和起水泡。然而，腐蝕性並不妨礙它基於時尚原因被人類使用數百年：它的根富有澱粉，在整個伊麗莎白時代和雅各時期（Jacobean）受到推崇，是最適合固化蕾絲領口和其他布料的凝固劑。雖然它受到貴族喜愛，卻很可能使必須處理它的洗衣坊厭惡，因為酸性會令他們的手灼傷起泡。

在更早的幾個世紀裡，人們甚至為了美麗而更廣泛地使用它。《特洛圖拉》（Trotula），一部讚頌歐洲女性各種美容護理手法的中世紀手稿中，稱揚白星海芋是替粗糙皮膚去角質的理想植物，能讓皮膚變得更白。幸好，書中建議先將白星海芋的根浸泡五個晚上，每天早上換水，避免造成皮膚損傷；雖然如此處理絕對無法完全消除植物的毒性，但肯定使許多婦女免於灼傷自己。

歷史上對美的追求使女性和男性嘗試了眾多植物和用法。這些植物在帶來美麗之餘，肯定也增添了不適。最有名

的是女性將顛茄萃取液滴入眼睛裡擴大瞳孔；酸模汁也是軟化手部角質和去除雀斑的流行療法，雖然它含有的草酸從長遠來看會造成更大的損害。一八九六年的《青少年家庭及社會教育》（*Youth's Education of Home and Society*）一書中，推薦一種能維護皮膚健康的肥皂，成分之中含有四分之一盎司的苦杏仁油……換句話說，也就是氰化物。

　　天南星科的另一個成員紫花海芋屬的其中一個種（*Dranunculus Vulgaris*）看起來類似白星海芋，但有深紫色的佛焰苞和肖似龍頭的延長肉穗花序。羅馬人和早期盎格魯撒克遜人都認為這種植物的根與溫酒一起飲用時，可以治療蛇咬傷，它到了十六世紀仍作為避蛇之用：因為「蛇不會靠近那懷著龍的」。[41]

41　約翰·傑拉德，《大草藥典》。

DAFFODIL
Narcissus pseudo-narcissus
水仙

當我見到一朵水仙，

向我低著頭，

也許，我肯定會：

先垂下頭；

其次死去；

最後，安穩地埋葬。

——羅伯‧赫里克（Robert Herrick），

〈水仙花的預言〉（*Divination by a Daffodil*）

這些歡欣鼓舞、昭示春天的花朵通常是第一批綻放的，縱使地面還有雪，它們也經常出現，並在春季的大部分時間裡保持盛放。

　　英文通名的「daffodil」字源不明。首次的使用紀錄是一五九二年，咸認源自希臘字「asphodelus」，亦即與水仙同為百合科的表親「常春花」的名字。據信字首的「d」可能是植物自歐洲大陸來到英國時被添加上去的，因為可能當初的行銷名字是 d'asphodel，後來就被誤記為「daffodil」。

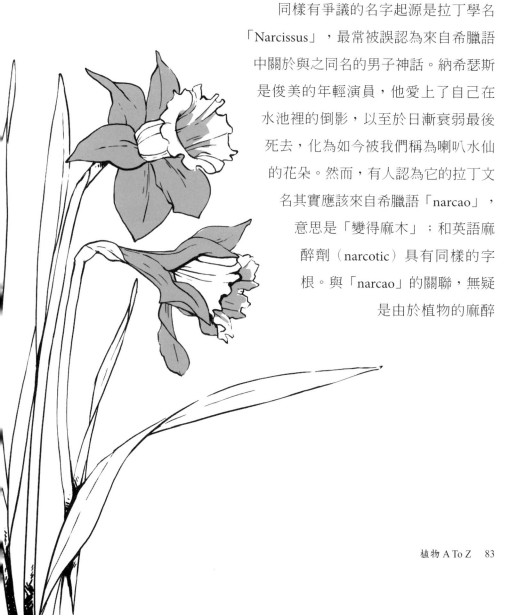

同樣有爭議的名字起源是拉丁學名「Narcissus」，最常被誤認為來自希臘語中關於與之同名的男子神話。納希瑟斯是俊美的年輕演員，他愛上了自己在水池裡的倒影，以至於日漸衰弱最後死去，化為如今被我們稱為喇叭水仙的花朵。然而，有人認為它的拉丁文名其實應該來自希臘語「narcao」，意思是「變得麻木」；和英語麻醉劑（narcotic）具有同樣的字根。與「narcao」的關聯，無疑是由於植物的麻醉

作用：在封閉的空間裡，光是花香味就足以引起頭痛和嘔吐。

危險的不僅僅是水仙的香味，還有球狀鱗莖。鱗莖中含有一種叫做石蒜鹼的化學物質，攝入後能癱瘓中樞神經系統，導致系統崩潰和最終的死亡。人們並未忽視這種危險的關聯；在一八〇〇年代後期的英國，人們相信如果看見今年的第一批水仙花時，花朵是向觀者的方向低垂，那麼就表示未來一年會很倒楣。

水仙花在希臘羅馬世界中也與死亡有關。據說水仙花是珀耳塞福涅的最愛，冥王黑帝斯（Hades）就是用水仙花引誘她進入冥界。所以，她繼續在阿刻戎河岸（Acheron）上種植它們。墳墓是黑帝斯的領土，所以水仙花經常生長在希臘墳頭上。不只是希臘人；早期埃及的葬禮花圈上也常見到水仙花。

DARNEL
Lolium temulentum
毒麥

多產的大地曾經收成纍纍

而今狡猾嘲笑農人的辛勞，不再生產

犁溝裡生滿豐饒的五穀雜糧

卻在殼裡腐爛，或葉片枯黃

若非烈日灼傷，便是豪雨成災

淹死作物，或萎菌病摧毀受到重創的田原

或貪婪的鳥吞食新種下的種子；

也有毒麥、野薊和混雜異物的莊稼

打結的草沿著百畝地生長

任意生長的根在整片土地上蔓延

——奧維德（Ovid），《變形記》（*The Metamorphoses*）

　　毒麥是世界各地常見的黑麥屬雜草，對農民來說是一大禍害。它在犁過、播了小麥種的土地上生長驚人，看起來與小麥作物非常相似，因此某些地區稱之為「假小麥」。雖然植物本身無毒，卻以容易受到麥角真菌侵害而惡名遠播，若不小心和小麥一起磨成麵粉，就能導致醉酒的效果，例如頭暈目眩、知覺混亂、四肢顫抖、眩暈和無力，接著便是失明和重病。它也可能讓四肢感覺像是在燃燒，稱為聖安東尼之火現象（St Anthony's Fire）。拉丁文名「tementulum」便出自這個效果，「tementulus」的意思是「喝醉了」。這種植物的法文和德文名「iyraie」和「Schwindel」也具有相同的含義。

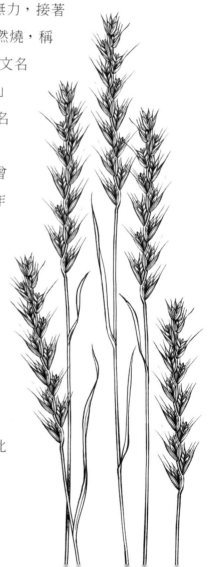

　　儘管危險，但是在德國和法國的貧困地區，曾經有一段時期利用毒麥中毒之後的醺醺然效果，作為廉價的醉酒方式．啤酒先經過稀釋之後，加入毒麥作為廉價的麻醉劑。毒麥並非唯一以這種方式應用的植物。莨菪和印度防己（*Anamirta cocculus*）等具有類似毒性的植物也曾添加到啤酒中，直到一五一六年通過法律反對這種做法為止。

　　在挪威毒麥被稱為「頭暈的雜草」（svimling），是人們拿來支撐家戶度過饑荒的植物。克羅克雷島（Kråkerøy）上便曾有過一段如此

艱困的時期，人們從樹上剝下樹皮磨成粉，讓它更經久。傳說中有一位母親因為孩子們不停哭泣索要食物，她便給他們做毒麥湯，讓他們陷入昏睡。[42]這個故事可能可以追溯到一八〇〇年代早期，當時除了大規模的農作物歉收之外，拿破崙的封鎖還阻止了英國貨品進入歐洲大陸。

雖然現代機械能使農民輕鬆分離小麥粗粒，歷史上對麥角中毒症的恐懼卻是如假包換。迷幻藥直到一九三八年才作為藥品製造，最原始的來源就是麥角菌，麥角中毒的症狀非常可怕，而且往往無法避免。

在十五和十六世紀之間，歐洲歷史上隨處見得到麥角中毒症狀：幻覺、抽搐、癱瘓和癡呆。就連不小心吃到毒麥草的牛也會停止產奶。這種病的紀錄最常見於德國西南部和法國東南部較潮濕的河流地區，黑麥是該地區的主要作物，自然條件也非常適合麥角茁壯成長。但是，當時人們對於麥角中毒缺乏深入的了解，其中許多人相信是被附身或受到巫術左右。如今有人認為麻薩諸州塞倫鎮於一六九二年惡名昭著的巫女審判，是全鎮麥角中毒的結果。雖然某些圈子仍然爭議這個說法，但是事件發生前的潮濕季節的確是麥角生長的理想條件，紀錄中的下一個夏天乾燥得多，同時終結了麥角中毒和巫術傳說。

---

42 雷蒙‧科衛德蘭和漢寧‧塞姆斯朵夫，《斯堪的納維亞民間信仰和傳說》。

DEADLY NIGHTSHADE

Atropa belladonna

顛茄

如濃豔的三色堇，生著白色的小嘴唇

還有一頂漂亮的紫色兜帽；

你的眼睛捕捉到

葉片的光澤，鸚鵡綠，

沿著林間昏暗原始的小徑生長。

它的葉叢在乾燥的沙上茂密生長

令你渴望它的芬芳氣味；

不過啊！這就像將一條蛇

摟進你的懷裡，

因為瘟疫般的香氣就是死亡。

——約翰‧博伊爾‧歐萊利（**John Boyle O'Reilly**），

〈**毒花**〉（*The Poison Flower*）

　　世界上所有的有毒植物中，名聲最壞的肯定是顛茄，也被稱為貝拉多娜（belladonna），這位茄科成員與毒茄蔘、番茄、辣椒和馬鈴薯是近親。它也是史上有記載的最古老植物毒藥之一，關於它的文字甚至可以追溯到寫於西元前一五五〇年的埃伯斯紙草卷（Ebers papyrus）。

　　顛茄生長在林地和河畔一類潮濕陰涼的地方。英格蘭蘭開夏郡（Lancashire）的弗內斯谷（Vale of Furness）尤其以生長顛茄而聞名；此處被當地人稱為顛茄谷，顛茄小枝是雕刻在弗內斯修道院遺址標誌上的常見圖案。此外，它也在羅馬尼亞自由生長，並在當地深受人們敬愛，甚至被

賦予許多名號：「誠實樹」（Cinstita）、「狼櫻桃」（cireaş alupului）、「森林女神」（Doamna Codrului）和「雜草女王」（Împărăteasa Buruienilor）。[43]

顛茄的漿果就算仍是尚未成熟的綠色，也極富光澤，草藥學家約翰‧傑拉德稱它為「明亮閃耀的黑色漿果，美得誘人食用」。雖然這些漿果很美，卻不宜食用；吃一顆可能不會致死，但是植株上的某一顆漿果毒性可能是旁邊那顆漿果的五十倍，第一顆殺不死的，當然可能第二顆就能殺死了。與大多數有毒水果不同，這些漿果的高甜度十分誘人，因此被視為邪惡的漿果，因為任何有禮貌的危險植物都應該結出苦澀的漿果阻止攝食。相反地，顛茄先施展魅力，然後痛下毒手：任何被騙吃下甜蜜漿果的人都可能因此死亡，屍體並在死後保護和滋養種子，使種子得到生長的機會。

顛茄富含顛茄鹼和莨菪鹼，兩者都有毒，即使是最少的量也可引起精神病、幻覺、抽搐和癲癇。就連簡單地觸摸植株也能使皮膚起水泡。一個常見的口訣描述顛茄鹼中毒的現象：「躁如三月兔，盲如蝙蝠，乾如枯骨，紅如甜菜，瘋如野兔。」它與瘋狂的關聯並不少見：一五五五年，植物學家安德雷斯‧拉古納（Andrés Laguna）如此描寫顛茄：「將根的萃取物溶解在酒裡，飲用一杯即會產生轉瞬即逝的圖像，使感官愉悅。但若加倍劑量，它能讓人瘋狂三天。」

顛茄被命名為「Atropa」，紀念希臘

---

43 亞歷山德魯‧博爾札（Alexandru Borza），《民族植物學詞典》（*Ethnobotanical Dictionary*）信仰和傳說。

命運三女神的阿特羅波斯。阿特羅波斯（意為「必然的」）是命運三女神（Moirai，摩依萊）中最後一位，也是年紀最長的「命運終結者」，決定人類的命運和生死。在她之前是克洛托（Clotho，紡線者），紡出凡人壽命的線；然後是拉克西斯（決策者），測量線和人的一生長度；時間到了，阿特羅波斯就會用剪刀剪斷線。據說阿特羅波斯在陽界現身時是採用顛茄的形象。

顛茄與致命之間的各種關聯都是名符其實的；無論是出於蓄意或無心，它都必須對歷史上無數人的死亡負責。據說羅馬皇帝奧古斯都（Augustus）被他的妻子露西婭‧德魯西拉（Lucia Drusilla）以一盤塗了顛茄毒素的無花果殺死；紀錄中比較近代的著名致死案例是一九六六年的巫師復興主義者羅伯‧科克倫（Robert Cochrane）。

中世紀威尼斯女性將顛茄鹼滴入眼中散瞳，使眼睛顯得更漂亮，是眾所周知的故事。但是，太常使用它也會令顛茄鹼沿著視神經滲入腦中，引致瘋狂。散瞳的眼睛會使日常活動變得困難，在白天視物也相當痛苦；不過在夜間也許能改善視力！但放大瞳孔的效用不只是當時的時尚；早期眼科醫生也在手術前使用顛茄液，使過程更輕鬆，並且直到幾十年前，眼

科醫生仍然使用這個方法。

　　有個風行的說法是，貝拉多娜這個名字——意為美麗的女性——來自為了美麗而放大瞳孔的做法。然而，沒有證據說明這股時尚風潮曾經流行於威尼斯以外的地區，也有人認為該名字可能是變化自「好女孩」（buonadonna），這是請不起醫生的義大利窮人送給他們仰賴的女巫的稱呼。[44]據信女巫繼承別人的力量而成為這些巫醫。一旦繼承之後，除非找到下一個繼承人並將力量轉移，否則女巫不會死。在《吉普賽巫術和算命》（*Gypsy Sorcery and Fortune Telling*）中，查爾斯・李蘭（Charles Leland）講述了佛羅倫斯的某人在一八八六年告訴他的故事：

　　城裡有個女孩被迫變成了女巫。她生病之後住在醫院裡，旁邊的病床上是一位重病卻死不了的老婦人。老婦人不斷呻吟哭訴，「可嘆啊！我該留給誰？」——但她沒說留下什麼。

　　可憐的姑娘，當然認為老婦人指的是財產，便說：「留給我吧——我太窮了。」老婦人聞言立刻就死了，而窮女孩發現她繼承的是巫術。

　　顛茄鹼也在二〇一八年被使用，神經毒劑諾維喬克（Novichok）曾在英國索爾茲伯里郡（Salisbury）用於毒害兩名俄羅斯僑民。諾維喬克的影響包括引起干擾心臟活動的肌肉痙攣，進而導致呼吸停止。而在二〇一八年的襲擊事件中，顛茄鹼用於使受害者的心跳恢復正常速度。

　　有了這樣的死亡名聲，顛茄遲早會與魔法和奇幻異事聯繫在一起，圍

---

44 A・布里蓋提（A Brighetti），《歷史醫學筆記：從顛茄到顛茄鹼》（*From Belladonna to Atropine, Historical Medical Notes*）。

繞這種植物的迷信不勝枚舉。一九○○年代早期的教授和植物研究人員亨利·G·華特斯（Henry G. Walters）認為，所有植物都有愛和創造回憶的能力，而且它們可能會像戀人一樣懷恨在心。他相信顛茄是充滿仇恨的植物。在諾曼第，據說任何赤腳踩過顛茄的人都會立即發瘋[45]，而在蘇格蘭高地，顛茄被認為能夠賦予人類看到鬼魂的能力。[46]愛爾蘭人認為它更容易用於作惡；若喝下蒸餾的顛茄汁，飲用者便會服從任何別人叫他做的事。[47]最後一項可能多少有其真實性，因為顛茄裡的化合物莨菪鹼被用於製造某些自白劑，是能改變更高等認知功能的催眠劑。由顛茄製造的自白劑自一九二二年起在美國施用，並在多項法院案件中發揮作用。雖然有人嚴重質疑這些測試的可靠性，自白劑仍然沿用至今。

但最值得注意的是，傳說中將顛茄定位為女巫和惡魔的玩物。據說非常受惡魔寵愛，並由他親自照料，只在沃爾普吉斯之夜（Walpurgis Night，四月三十日至五月一日）離開，準備女巫的安息日魔宴。在這一晚，人們可以安全挖出植物的根；但惡魔會留下一頭「夢魘怪獸」來保護它，唯有提供新鮮麵包才能安撫牠。

據信，顛茄與罌粟和烏頭一起，是女巫飛到黑色安息日魔宴時使用的「飛行藥膏」材料。該藥膏實際上並未用於飛行，只是引起其幻夢境的混合物名稱，產生幻覺正是攝入莨菪鹼和鴉片劑的副作用。

龍葵（*Solanum nigrum*）雖然不像近親顛茄那般舉世知名，卻也引發了許多歷史上的不幸事件。它的毒性不像表親，有點不怎麼可靠。

---

45 威廉·布蘭奇·強森（William Branch Johnson），《諾曼第民間故事》（*Folk tales of Normandy*）。
46 詹姆斯·甘迺迪（James Kennedy），《史特拉斯佩和格蘭道里的民間傳說和回憶》（*Folklore and Reminiscences of Strathspey and Grandtully*）。
47 珍·王爾德（Jane Wilde），《愛爾蘭的古老傳說、神祕符咒和迷信》（*Ancient Legends, Mystic Charms, and Superstitions of Ireland*）。

一七九四年記錄了一件案例，某一家人誤認而吃下龍葵，但是只有母親和孩子生病，父親卻毫髮無傷。茄屬的許多成員是難以預測的；果實成熟後可食用，但未成熟時有毒，植株的所有其他部分則永遠有毒。

龍葵還出現在莎士比亞的《馬克白》（Macbeth）裡，當蘇格蘭國王鄧肯遭到挪威國王斯威諾的襲擊時。馬克白邀請斯威諾和他的手下共進晚餐討論投降條件，但用龍葵為菜餚和飲料下毒。等他們睡著之後，馬克白便帶著人馬屠殺敵軍，斯威諾在未喝酒的人幫助下才總算逃脫。

DEVIL'S BIT SCABIOUS
Succisa pratensis
草原松蟲草

無窮的成排植株沒入土中，

海灣和小徑，邊緣綴滿雜草，

藍色松蟲草的種莢，和零星的花朵；

天空，像是自井中仰望，

璀璨地閃耀冰冷的星宿。

我們在棧板上跌跌撞撞、咒罵，

如同被隱形的憤怒詛咒的人，

比疲倦更強、比動物本能恐懼更深的意志，

堅定又專一。

——**弗雷德里克・曼寧**（**Frederick Manning**），

〈戰壕〉（***The Trenches***）

草原松蟲草是原產於歐洲的高大草本植物，但是如今也遍布北美洲和中亞。它在草原和荒地長得很好，花蜜是授粉媒介生物的良好來源，以及金堇蛺蝶和透翅天蛾等稀有昆蟲的核心食物。

草原松蟲草的英文通名中（惡魔咬的疥瘡，DEVIL'S BIT SCABIOUS），「scabious」一字（長了疥瘡的）源自於它在歷史上治療疥瘡和其他皮膚病的用途，最重要的是在黑死病時期。它的治療能力來自短而黑的根，人們相信有許多藥用價值。民間傳說魔鬼出於對人類的惡意，會齧咬根部使其變短，降低它的功效。它在德國也有類似的名字「Hortus Sanitatis」，一部在一四九一年出版的早期德國草藥典將其稱為「惡魔之咬」（Morsus Diaboli）。

草原松蟲草在英格蘭南部被視為給人找麻煩的植物，能釀成意外的火災。它的種子在犁過的田裡發芽旺盛，並能在大多數其他植物已經收穫或乾燥之後繼續生長很長一段時間，這意味著葉片中的水分會開始發酵然後燃燒，起火燒掉糧草倉

和留在田裡的乾草堆。為了確保儲存乾草的安全，農民會緊緊地絞扭又俗稱火葉子的草原松蟲草。如果水分被擠出來，就表示草堆還不能安全儲存。另一種造成類似危險的植物是和草原松蟲草長在一起的北車前草。

另一種與它有關的植物紫盆花（*Scabiosa Atropurpurea*）也稱為「哀悼的寡婦」。通常可見於葡萄牙和巴西的葬禮花圈中，當地人也稱它作saudade：英文沒有這個字的直譯，意指失去心愛的人或物之後，在懷念永不復返的人或物時，無法言喻的深刻哀傷。

DOGBANE
Apocynum spp.
羅布麻

小長春花的花，

如大馬士革的毯，

以亮藍色布疋裝扮

青翠的樹葉：上面生有

乳白色的花朵，很快就會膨脹

紅色水果，風味和香氣

如令人愉悅之草莓

葉片三折為頂冠

在山坡林間迷宮中。

——**理查‧曼特主教（Bishop Richard Mant）**，

《詩集》（*Poems*）

羅布麻是小型開花植物屬，遍布於全球，主要分布在熱帶或亞熱帶地區。這個家庭的成員以多種不同的形式生長——它們可以像樹、香草，或者像藤蔓——但都有一個相似之處：全含有有毒的乳液，會導致腫脹和炎症。但是似乎只影響某些人，有些人接觸它之後卻沒有任何影響。

羅布麻的英文通名是「毒犬草」（Dogbane），因為它在歷史上不僅用於殺狗，還殺其他掠食性害蟲，如狼和狐狸。「Bane」來自古英語的「bana」和更早的北歐語「bani」，都表示「殺手」或「兇手」。

這個家庭中一個特別的成員常見於加拿大和北美：蠅陷阱羅布麻（*Apocynum androsaemifolium*），它的英文通名是捕蠅草毒犬草（flytrap dogbane），表示它專門誘捕不情願的授粉者。鐘形小花朵裡填滿甜美的花蜜，花藥的形狀很特殊，飢餓的蒼蠅或螞蟻必須擠過它們才能進食。此植物的內部非常複雜，使得獵物糾纏其中；到了夏末，花朵內部往往滿是屍體。

羅布麻家族中為數不多的無毒成員之一是長春花（藤本長春花〔*Vinca major*〕和小長春花〔*V. minor*〕）。儘管長春花沒有毒性，但在歐洲卻與鬼魂、女巫和死者聯繫在一起，並有各種俗名：巫師的紫羅蘭（法國）、百眼花（義大利）和不朽之花（德國）。

在威爾斯，長春花直接了當被命名為「死人的植物」。它主要生長在墳頭，就連將其連根拔起都被視為不幸，因為墳墓裡死者的鬼魂會糾纏做了這件事的人。[48] 在其他國家，被視為

48　瑪麗・特里維利安（Marie Trevelyan），《威爾斯民間傳說和故事》（*Folk-Lore and Folk Stories of Wales*）

死者的守護者，受人們尊重而非畏懼，還被編織成花環放在棺材上，主要是兒童的棺材。

中世紀英格蘭的罪犯在前往絞刑架的路上，脖子上會掛著長春花花環做標記。[49]選擇這種花的原因尚不清楚，也許光是和絞索及墳墓的關聯就足以令這股風潮開始流行了。

DOG'S MERCURY
Mercurialis perennis
多年生山靛

它們是整潔的小生物，不超過一個跨度高，胳臂和腿像細線，大腳和大手，頭在肩膀上滾來滾去。

—— **E ·魯德金（E. Rudkin）**，

《林肯郡的民間傳說》（*Folklore of Lincolnshire*）

多年生山靛是快速蔓延的雜草，普遍存在於歐洲和中東地區許多地方。它是古老林地的指標植物，偏好陰涼潮濕的地方，很容易由鋸齒狀的矛形葉片、綠色的小花簇，以及腐爛的氣味認出來。不同於羅布麻屬，它的英文通名「犬水銀」（dog's mercury）中的「犬」並非出於任何與動物的關聯，而是意味「假」或「壞」。凡是名字裡有「犬」的植物都是毫無藥用價值的植物，在這個案例裡，可能是為了將它與一年生山靛分開，兩

---

49 威廉·恩博登（William Emboden），《奇異的植物：魔法、怪物、神話》（*Bizarre Plants: Magical, Monstrous, Mythical*）。

者看起來很相似，但一年生山靛確實具有藥用價值。

多年生山靛是大戟科的成員，這個科以有毒植物而聞名，多年生山靛植株的所有部分都含劇毒。它含有同樣存在於山楂花裡的三甲胺，使得植物散發出腐肉味。它還含有有毒的汞鹼，可導致內部炎症、肌肉痙攣、噁心和嗜睡。雖然接觸這種植物而致死的案例很少，但是一六九三年卻有紀錄某五口之家煮食多年生山靛之後便病倒了，其中一名孩童因而死亡。[50]

多年生山靛的另一個民間名稱是「博格特的花」（boggart's posy）。博格特是壞心淘氣的守護靈（genius loci）——守護特定場所如家、河流、山丘或其他地理特徵。博格特也稱為博格貝爾（bugbear）或博格曼（bogeyman），這些名字都來自愛爾蘭語的「鬼」（púca），它是類似博格特的神話生物，仍存在於今日的愛爾蘭。在蘇格蘭，博格特被稱為博苟小妖。

博格特會選擇糾纏一個特定的家庭，就算住戶搬走，也會跟隨他們。野生博格特會綁架兒童、溺死陌生人；家屋博格特則會讓牛奶變酸，在晚上將冰冷的手放在熟睡者的臉上，偷走床單。這些還是博格特最好的行為——若是給它取名字，它就會變得完全失控，發揮強大破壞力。唯一消弭它惡作劇的方法是在門上掛馬蹄鐵，或在臥室門外放一堆鹽。人們認為家屋博格特可能曾經是樂於助人的家屋精靈——「絲精靈」（Silkies），由於被冒犯或受到虐待而變得惡毒。人們常說博格特是人形生物，不過往往像醜陋的野獸；另一說是矮胖、多毛的男人，手臂異常地長。有兩則來自約克郡和蘭開夏郡的報導聲稱博格特在追逐受害者時會以馬的形式出現或發出獵犬的狂吠聲。

---

50 理查·梅比（Richard Mabey），《大不列顛植物》（*Flora Britannica*）。

DRAGON'S BLOOD TREE
Dracaena cinnabari

索科特拉龍血樹

「死亡降臨死神！
越過厄運與鮮血的寶座
上帝是位好工匠，
金與鐵，土與木，
愛與勞動。
──**G‧K‧切斯特頓**（**G. K. Chesterton**），
〈**白馬之歌**〉（***The Ballad of the White Horse***）

索科特拉龍血樹是葉門索科特拉島的
特有植物，島上超過百分之三十的
植物物種不出現在地球上其他
地方。索科特拉龍血樹看
起來很像蘑菇，樹幹和
下方樹枝完全裸露，
只有樹枝末端有樹
葉和花朵。每年一
次，樹枝之間會結
成簇的橙色小果實。
索科特拉龍血樹最了不
起的特色就是它得名的原因。它的汁液是鮮豔的紅
色，切割還活著的樹體時會大量「流血」。這種樹脂乾燥之

後形成固體結晶，在整個人類歷史中一直被應用在染料、醫藥、家具表漆、煉金術和許多其他領域。傳說第一棵樹是一條龍在與大象的殊死搏鬥中喪生，從龍血中長出來的。因此它的拉丁文學名「Dracaena」就是來自希臘字的「母龍」（drakaina）。

世界上有許多會「流血」的樹，大多數現代龍血來源是東南亞的麒麟血藤（Daemonoropsdraco），然而真正的龍血來源仍是索科特拉龍血樹。許多會流血樹種的樹脂都作為龍血銷售，但是早期羅馬人用於染料、繪畫顏料、呼吸系統疾病早期藥物的都是索科特拉龍血樹樹脂。索科特拉龍血樹和麒麟血藤都用於家具表面塗料以及十八世紀的小提琴表漆。在同一時期，還有一款牙膏配方使用龍血。在當今的美國巫毒（Hoodoo）信仰中，龍血仍用作薰香以及稱為「龍血墨」的染料，用來銘刻護身符和魔法封印。

另一種會「流血」的樹是亞馬遜龍血樹（Croton lechleri），西班牙文叫做「龍之血」（Sangre de Drago）。這種樹的樹脂被用於阿茲特克紡織品的深紅色染料，關於它的出現，如今仍有傳說：

曾經有位王子只佩戴最好的黃金和寶石。他渴望更多的財富，便雇了一群小偷打劫富商，盜走他們的貨品。然後他會帶一個奴隸進入森林挖洞，將偷來的珠寶埋在樹下；等洞挖好之後，他就殺死該奴隸並將屍體和珠寶埋在一起。他認為如此一來不僅寶藏位置保密，奴隸的鬼魂也會永遠保護他的寶藏。

這種做法持續了幾年，他的惡行逐漸在奴隸之間傳播開來。最後，他的審判臨頭了：某次再度進入森林時，背叛他的奴隸在自己被殺之前先下手為強，謀殺了王子。這次終於變成王子被埋葬了，奴隸從此用囤積的黃金過著更好的生活。

從王子被埋葬的地方開始長出一棵流血的樹，這就是龍血樹的緣由。[51]

加那利群島的特內里費島（Tenerife）上，名為拉奧羅塔瓦（La Orotava）的小鎮中，有一棵樹被稱為奧羅塔瓦龍樹，受到島上的原住民關切斯人（Guanches）膜拜。當加州的大紅杉群還不為人知時，這棵樹（它是麒麟血藤）曾被認為是最大和最高的活樹，高八十二英尺，周長七十五英尺。[52]大約有六千歲，它被人們挖空，作為具宗教目的小庇護所。不幸的是，這棵樹在一八六七年被風吹倒。

在它之後，下一個獲得同樣稱號的樹是「千年龍」（El Drago Milenario），生長在伊科德羅斯威諾斯（Icod de los Vinos），也位於特內里費島。它有六十五英尺高，據信樹齡在八百到一千歲之間。

最後，另一個值得一提的流血樹是紫檀屬（Pterocarpus）。紫檀是西非薩赫勒（Sahel）地區的特有種，也稱為非洲柚木或基諾樹（kino）。後者來自令其他龍血樹得名的相同流血效果；但是流血的不是樹脂，而是叫做基諾的植物膠，比樹脂稀，流動性較強。基諾同樣用於染褐和其他染色，也作為催情藥。

一則關於當地某棵樹的有趣迷信描述被錄於一九七八年的《馬拉威社會》雜誌（*The Society of Malawi Journal*）。故事於一九六六年採自當地村民瑞德森‧恩安比：

南瓦菲村的路邊有一棵樹。如果你切下一根樹枝，你就會死。這是一棵很大的樹，有很多樹枝。割它，就會開始流紅色的血；爬上去，你

---

51 雪柔‧漢弗利（Sheryl Humphrey），《鬧鬼的花園：民間植物傳說中的死亡和變形》（*The Haunted Garden: Death and Transfiguration in the Folklore of Plants*）。
52 亞歷山大‧馮‧洪堡（Alexander von Humboldt），《宇宙：宇宙的物理描述》（*Cosmos: A Sketch of a Physical Description of the Universe*）。

就永遠下不來。

　　樹裡面有一些巫師。你經過的時候就能聽見他們。就算離得很遠，也能聽到噪音。如果你聽那些噪音，就會發現身邊圍了很多人。這些人會打你，然後你當晚就會死。

　　在一個雨天，閃電把那棵樹燒了。它移動了大約八英尺，從它身上落下布蘭比亞區（Bulambia）所有的樹葉，還刮起大風，殺死了許多生物，例如鳥和雞。

　　有了如此的故事，這樣一棵樹有時被認為鬧鬼或具有魔法，多半也就不足為奇了。然而，我們仍可能解開這個故事背後的真相。故事裡的樹生長在卡塞耶（Kaseye）河邊的南瓦菲（Namwafi，正確名字是 Mwenebwib'a）附近，離奇農卡（Chinunka）不遠。由於離河近，吹過河谷的風聽起來肯定像講話聲或呻吟聲，也就是故事提到的巫師；如果風暴真的在該地區肆虐，那麼也許移動的不是這棵樹，而是旁邊的河流改道了。

DUMB CANE
Dieffenbachia spp.
花葉萬年青

有一種沉默——鈴響聲

讓我們閉上雙唇。

我們的心，曾經那般熱情，

惟今是宿命的空虛。

——亞歷山大·布洛克（Aleksandr Blok），

〈降生於晦暗的時代〉（*Those Born in Obscure Times*）

　　原產於南美洲的花葉萬年青，英文通名為啞巴藤條——也稱為豹紋百合或婆婆的舌頭——如今已是受歡迎的室內觀賞植物，可見於許多居住空間。雖然我們很常聽到啞巴藤條這個名字，其由來卻不太為人知；它來自該植物的毒害作用，能使聲帶發炎，使人發不出聲音和無法呼吸。這個作用由極細微的草酸鈣引起，稱為針晶束，存在於植株所有部分，尤其是莖。這些針晶對皮膚有刺激性，嵌入口腔和喉嚨的軟組織時會引起強烈的燒灼感、流涎，嘴唇、舌頭和嘴巴腫脹。

　　雖然從未有花葉萬年青致死的紀錄，但它曾被加勒比海蔗田莊園用來懲罰不服從命令的奴隸。奴隸們被迫吃下植物的葉子，在短期間無法發聲和進食。[53]

53　曹輝（Hui Cao 譯音），《花葉萬年青屬中草酸鈣晶體的分布》（*The Distribution of Calcium Oxalate Crystals in Genus Dieffenbachia*）．

ELDER
Sambucus spp.
接骨木

接骨木樹皮堅韌，能致痛生瘡；
它為軍隊提供馬匹裝備
燃燒後易焦。

——作者不詳，《弗格斯·麥克萊提王震撼之死》

接骨木樹廣泛分布於北半球，常能見到它在樹籬中恣意生長，雀躍的白色花朵在早春時受到人們歡迎。接骨木花和接骨木漿果越來越常用作烹飪調味，而木材易於挖空，數百年來一直用於製作木刻。它還生產多種染料：漿果的藍色和紫色，葉子的黃色和綠色，還有樹皮的黑色。

雖然接骨木有它的用途，卻和黑刺李一樣，無妄受迷信和厄運牽連。也許是這兩種植物的相似性，關於它們的許多民間傳說已經混淆不清了：它們是尺寸相同的常見樹籬，都在春天開花，都在年終結滿深色、可食用的漿果。這種潛在的混淆認知有一個很好的例子，是一九〇五年印行的《民間傳說》（Folk-Lore），講述某位獵場看守人被接骨木樹絆倒，死於尖刺引起的破傷風。文章裡具體提到了一個迷信，認為接骨木樹造成的傷口是致命的，但是接骨木樹並沒有任何形式的尖刺，最常見的致命迷信多半歸罪於黑刺李。

　　無論是否與黑刺李混淆，仍然不能改變接骨木是被詛咒的樹種。在不列顛群島，若你在接骨木樹下睡著，便永遠不會再醒來；它也與巫術有關，據說天黑後切割或觸摸木頭不吉利。[54]游牧的羅姆人（吉普賽人）也相信這個說法，或許是因為接骨木木材燃燒得又快又熱，伴隨著巨大的噪音和可怕的氣味。據說，巫師會顯現在接骨木樹枝燃燒冒出的煙霧中，受過洗的孩子在眼睛周圍塗上樹皮的汁液，能看到巫師們並與他們交談。

54　伊妮德・波特（Enid Porter），《劍橋郡風俗與民間傳統》（*Cambridgeshire Customs and Folklore*）。

據說矮接骨木（*Sambucus ebulus*）只長在曾經灑過血的地方，尤其是丹麥人的血。歐白頭翁（Pulsatilla vulgaris）也有同樣的迷信，因為兩者都在開闊和高地上生長良好，例如丹麥人曾經戰鬥過的古老山頭堡壘邊界。其未成熟漿果的毒性甚至被歸咎於在戰鬥中陣亡的丹麥人所下的古老詛咒。[55]威爾斯人稱它為「人血植物」（Llysan gwaed gwyr），在英國稱為血草（bloodwort）或死亡草（deathwort），「wort」來自古英語「植物」（wyrt）。

離英格蘭不遠的愛爾蘭有一句諺語：「受詛咒之地有三個標記：接骨木、長腳秧雞和蕁麻」（Trí comartha láthraig mallachtan）。凡是荒蕪的地點都被認為是受詛咒之地，也許有些道理。接骨木樹能以最快速度占領最近剛清理過的土地，蕁麻和單獨行動的長腳秧雞偏好短灌木叢，如乾草原和草地。

愛爾蘭人還相信接骨木脾氣暴躁，會作惡。據說如果用接骨木製成的武器殺死某人，死者的手就會從墳墓裡伸出來。這只是與它相聯繫的眾多死亡迷信之一：蘇格蘭人將它種在墳墓上防止死者回魂，這個習俗正好對應歷史上蒂羅爾（Tyrol）地區（現今義大利北部和奧地利西部的一部分）的習俗，不過蒂羅爾人認為若接骨木在墳墓上開花，便表示死者已經去了天堂。

接骨木也出現在黏土屍體或人偶（Corp Chreadh）的製造方法中。以下摘自一五六六年的英國紀錄：

至於黏土的圖片，製作方法是這樣的：你必須自新墳上取來土，加上一根死去的男或女性的肋骨……還有一隻黑色的蜘蛛（athercobbe），

---

55 珀塔・勞倫斯（Berta Lawrence），《薩默塞特傳說》（*Somerset Legends*）。

以及浸過溫水的接骨木髓（樹），溫水必須先洗過蟾蜍。[56]

然後，用針戳這個黏土人偶，或者放在流淌的溪水裡，水會開始沖壞屍體，把它帶走，目標受害者也會隨之煙消雲散。[57]

跨越整個歐洲，凡是與神和靈之間的聯繫，都喜歡提到這種樹。

北歐的《詩體埃達》（*Poetic Edda*）中提到，住在海岸和洞穴裡的「黑精靈」（Svartálfar）選擇接骨木樹作為舉行儀式的地點，因為它們特別喜歡接骨木花的濃郁香味。此外還提到住在樹裡面照看樹的森林精靈「接骨木之母」，任何傷害樹的人都會被她懲罰；這個概念類似歐洲相信接骨木樹被女巫占有和看守的說法。這個信仰傳到了英國之後，接骨木之母成為埃爾宏恩夫人（Lady Ellhorn），德國和丹麥稱她為「Hylde-moer」或「Hylde-yinde」（接骨木之母或接骨木王后）。在德國下薩克森，樵夫甚至會在砍伐接骨木樹之前徵求許可，單膝下跪問道：「接骨木夫人，賜給我一些您的木頭，當我死後，您也可以得到一些從我的肉體長出的樹。」[58]

在德國，據說接骨木的樹洞也很受「森林幽靈」（Waldgeister）的歡迎，他們是保護樹木的古老木精靈種族，將樹洞作為居處門口。雖然有故事敘述他們帶領迷路的旅行者回到路上，卻也被認為是負責為接骨木王后報復破壞樹木的人，常常讓這些人類睡著或徹底迷失。

向東移動到波羅的海沿岸，神祇和接骨木的連結更加緊密了。當歷史上的普魯士國還存在時，接骨木是大地之神普薩提斯（Pušaitis）的家。一

---

56 瑪莉翁・吉布森（Marion Gibson），《1550 — 1750 年英國和美洲的巫術與社會》（*Witchcraft and Society in England and America, 1550-1750*）。

57 羅伯特・克雷格・麥克拉根（Robert Craig Maclagan），《阿蓋爾郡收集的民俗物品紀實》（*Notes on Folklore Objects Collected in Argyllshire*）。

58 理查・佛卡德（Richard Folkard），《植物知識、傳說和詩歌》（*Plant Lore, Legends, and Lyrics*）。

年兩次，農民將麵包和肉放在接骨木樹下，普薩提斯的僕人們巴斯圖凱（barstukai，與收穫小精靈考卡斯〔kaukas〕極有關聯）就會幫助他們的收成。[59]普薩提斯和他的助手都深受尊重，並被視為森林的守護者。

現代的立陶宛曾經是普魯士國的一部分，在那裡，接骨木樹屬於死者王國之神維爾尼亞斯（Velnias）或維拉斯（Velas）。他也是魔法之神、變形之神、黑色動物和鳥類的創造者，以及森林的守護者。最後一種聯繫可能來自立陶宛人的信仰，相信死者的靈魂在赴冥界之前會先在樹林裡住一小段時間，風吹樹葉的聲音是死者向親人傳遞信息。接骨木樹禁止砍伐，有接骨木樹木或樹樁的地方，則屬不吉利的蓋屋地點。

59 黛娃・舍施考斯凱特，《神話中的植物》。

FOOL'S PARSLEY
Aethusa cynapium
毒歐芹

小傢伙，神賦予你何種可怕的命運重擔？

在你人生最初的門檻上，如此被敵人殺死？

是否為了讓你在希臘人民眼中永遠神聖？

而配上如此光榮的葬禮？你死了，寶貝，

蛇尾無意擊中，你的四肢陷入長眠

雙眼睜開，但孤獨地死去。

——普布黎烏斯·帕皮紐斯·斯塔提烏斯（Publius Papinius Statius），
《底比斯之歌，第五部》（*Thebaid, Book V*），J·H·莫茲里（J. H. Mozley）英譯

毒歐芹是一年生草本植物，高大的白色繖形花序很顯眼，看起來和毒參、寬葉羊角芹、大豕草等有毒植物雷同。這些有毒的植物遍布整個不列顛群島和歐亞大陸。

　　毒歐芹是常見的野花，有許多在地化的民間俗稱，例如魔鬼法杖、小毒參和母死草。關於最後這個名字，歐洲至少有十二種植物的名字帶有「母死」綽號；一般的禁忌是孩子不許採這些草，因為它會害母親死亡。儘管許多植物有這樣的綽號，毒歐芹卻是其中唯一真正有毒的植物。然而，峨參也有同樣的綽號，可能是因為該綽號最早期的接收者是與它長得很像的毒參。

　　毒歐芹的所有部分都有毒，會灼傷口腔和喉嚨。更甚者是向下進入胃部，引起水泡和燒傷，以及肌肉麻痹和窒息死亡。雖然人類死於吃毒歐芹的紀錄很少見，卻也並非聞所未聞：一八四五年有紀錄，某個英國小孩將毒歐芹的根誤認為蘿蔔，死於窒息和牙關緊閉。[60]

　　此植物的英文通名是「傻瓜」歐芹（fool's parsley），因為它和我們熟悉的香草——真正的歐芹驚人地相似。不幸的是，傻瓜歐芹的毒性令常見的廚房用歐芹受到拖累，在很長一段時間之中都與魔鬼有連結。由於從種子培養出歐芹香草植株需要很長的時間，人們會說它向下一路長到魔鬼的家又長回地面。若將植物連根拔起會開啟一

60　查爾斯·強森（Charles Johnson），《英國有毒植物》（*British Poisonous Plants*）《神話中的植物》。

條往地獄的道路，某位親密的家庭成員將面臨被帶往地獄的危險。

　　廚用歐芹也是葬禮用的草，獻給希臘的冥界女王珀耳塞福涅。這種聯繫來自奧菲爾特斯（Opheltes）的傳說：某天，護士疏於看顧萊克爾葛斯（Lycurgus）國王的幼子奧菲爾特斯，他因而被蛇咬死（某些故事版本是被像蛇的龍勒死或被蛇勒死）。凡是血滴落之處，地面就長出歐芹，他在下葬之前被改名為阿切莫洛斯（Archemorus），意為「死亡先行者」，因為德爾菲（Delphi）的神諭預言了他的早逝。從那時起，歐芹便開始與葬禮連結在一起。希臘的墳墓會用香草植物的花環裝飾，而「只需要歐芹」（de'eis thai selinon）的說法用來暗示某人已經瀕臨死亡。

FOXGLOVE
Digitalis purpurea
毛地黃

美麗芙蘿拉手上戴著毛地黃
唯恐採花時遇尖刺。

——亞伯拉罕・考利（Abraham Cowley），
《花之書》（*Book of Flowers*）

　　毛地黃在北半球很常見，夏天時高大的鐘形花朵特別顯著，可以長到五英尺高，遠高於大多數其他野花。雖然野生毛地黃通常是紫色的，卻也有粉紅色、白色、紅色和奶油色的栽培品種。它的葉片可以製成黑色染料；威爾斯地區使用這種顏料在石頭農舍的地板上畫線和十字架，使女巫遠離。

比毛地黃莖上的花朵更豐富的，是它具有的俗名和相關傳說的數量。如同其英文通名（狐狸手套〔foxglove〕，其中許多與狐狸或手套有關，但更多時候跟其他有鐘形花朵的植物一樣，圍繞著仙女打轉。一個挪威傳說講述某位仙女教導狐狸敲響毛地黃的鈴鐺，警告同伴們附近的獵人。在挪威語中，毛地黃被稱為「狐狸鈴鐺」（rev-bielde）。這個傳說與芬蘭的藍鈴花故事有很強的相似性，當地稱藍鈴花為「貓的鈴鐺」，會警告眾老鼠有貓接近。

毛地黃的另一個挪威俗名是「狐狸音樂」（Reveleika），指的是古時候稱為「汀汀那布魯」（tintinnabulum）的樂器：華麗的圓弧上掛著一圈鈴鐺。該樂器的外觀與毛地黃高大的花梗很相似，很可能就是因為這種聯繫，就連在早期的盎格魯－撒克遜英格蘭地區也稱它為 foxes-gliw，和挪威語的「狐狸音樂」意思相同。

毛地黃的許多民間俗稱指的是手套或手指。它在法語中稱為聖母手套（Gantes de Notre Dame）和聖母瑪利亞的手指（Doigts de laVierge），在威爾斯是「地精的手套」（Menyg Ellyllon）。一個早期的英文名字是「花仙子的手套」（folk's glove），也許同樣意指不列顛群島的花仙子；花上的斑點則是花仙子們飛行之後降落在花瓣上的位置。另一則盛行的英國故事描述仙女給狐狸花朵，讓牠們戴在爪子上，如此一來當牠們突襲雞舍時就不會發出聲響；此為「狐狸手套」一名的由來。

一個與眾不同的俗名產生在根西島（Guernsey），人們隨興地稱毛地黃為喀啦（claque）。這來自於孩子們將空氣集中在鐘形花朵內，擠壓兩頭直到花朵爆開發出喀啦聲的遊戲。

雖然與毛地黃有關的傳說甚多，命名的真相卻少了一點魔力。這個名字最早是在一五○○年代由植物學家萊昂哈特・福克斯（Leonhard Fuchs）記錄下來的。「Fuchs」是德語中的「狐狸」。由於學名裡的 digitalis 來自

拉丁文「手指」，指的是一朵花大約是手指長度，便順勢與手套聯繫起來，名字遂被記錄為「狐狸手套」。

在英格蘭的北德文郡（North Devon）和康沃爾郡（Cornwall），毛地黃與聖內克坦（Saint Nectan）相連結。內克坦出生於西元四六八年，是威爾斯國王布萊忱（Brychan）的長子。他受到聖安東尼故事的啟發，離家成為隱士。儘管他過著平靜的生活，在某個夏天，兩個路過的強盜遇到內克坦擁有的兩頭牛，並偷走了牠們。內克坦追了上去，可是追上之後卻被盜匪砍下了他的頭。他決心不死在家外頭，拾起自己的頭顱便朝小屋走回去，抵達之後終於躺下死去。在他走回家的路上，凡是血滴落之處都長出了毛地黃。

如同前面講過的，毛地黃與仙女有密切相關。據說花仙子住在鐘形花朵裡，當仙女們從花前經過時，花朵會垂下頭表示恭敬；這是與形狀相似的藍鈴花共有的另一個特徵。毛地黃特別受到施芙蘿（Shefro ）的喜愛，她是愛交際的愛爾蘭仙女，戴著毛地黃鈴鐺在午夜狂歡。[61]

毛地黃還能幫家庭清除可疑的調換兒。歐洲普遍存在的傳說是，調換兒是真的人類嬰兒和妖精的小孩互換，在某些罕見的情況下（例如一八○○年代著名的愛爾蘭布莉姬‧克力里〔Bridget Cleary〕事件）則是成年人。出於人們對調換兒的恐懼，並為了除掉冒牌貨，衍生了許多謀殺和殺嬰案件，其真正原因很可能來自中世紀早期對出生時帶有發育障礙和疾病的兒童的疑慮。無論孩子因為何種原因被懷疑是調換兒，都有幾個建議迫使妖精歸還原本的嬰兒。一個方法是讓孩子以毛地黃的汁液洗澡，或在孩子的床下放一棵毛地黃植株。[62]更詳細的「療法」如下：

---

61 華特‧伊凡斯－溫茲（Walter Evans-Wentz），《凱爾特國家的精靈信仰》（*The Fairy-Faith in Celtic Countries*）。
62 珍‧王爾德，《愛爾蘭的古老傳說、神祕符咒和迷信》。

取「Lusmore」（毛地黃的愛爾蘭名字）並擠出汁液。在孩子舌頭上滴三滴，每隻耳朵滴三滴。然後把它（調換兒）放在房子門口的鏈子裡，持鏈子向門外甩三下，說：「如果你是妖精，快快走。」如果是妖精小孩，今晚就會死；如果都不是，肯定會開始好轉。[63]

經過這道治療手續，孩子死亡的可能性大於恢復的可能性。因為毛地黃含有毛地黃毒苷，能阻礙血液循環並減緩心跳，直到它完全停止。一個常見的死因是意外中毒；在一八二二年的《時代望遠鏡》（*Time's Telescope*）中，有一篇文章討論了在英格蘭德比郡（Derbyshire）的貧窮婦女間升起一股藉飲用毛地黃茶作為廉價醉酒方式的風潮，因為「它提振精神的效果很好，並能對人體系統產生某些奇異的影響」。毛地黃莖中的毛地黃毒苷含量非常高，就連不小心喝下插了毛地黃花朵的花瓶水也可能死亡。這麼強的毒性，使它獲得了「死人鐘」的俗稱。

但是毛地黃並非完全沒有優點。現代醫學仍使用毛地黃毒苷治療某些心臟病；在歷史上，它曾被用來治療烏頭中毒，並在短時間內用於治療癲癇。但是接受大劑量和重複劑量毛地黃的人通常會發現視力受到影響，因為這種化學物質也會針對眼睛視網膜中的酶，導致一種稱為黃幻視的病，使視野變得矇矓，具有黃色色調，以及被黃暈包圍的黃色斑點。有人推測梵谷的癲癇可能就是以毛地黃作為治療手法，造成他晚期畫作裡的濃黃色調，以及著名的《星夜》畫作中漩渦狀的天空。在他的畫作《嘉舍醫師的畫像》中，他畫了自己的醫生拿著一束毛地黃花。

在民俗醫學中使用毛地黃，下藥必須輕，並徹底了解它的危險，但它是蘇格蘭鄧德倫南村（Dundrennan）醫者珍奈特·米勒（Janet Miller）的

---

63 路易斯·史賓塞（Lewis Spence），《不列顛凱爾特的法術》（*The Magic Arts in Celtic Britain*）。

首選植物。人們極為仰賴她的知識，使她忙於在問診地區來回奔波照顧病人，但隨著名聲而來的是巫術的指控，使得她最後於一六五八年在鄧弗里斯受審並被處決。

FUNGI
Digitalis purpurea
眞菌

滿月時

可以自由採蘑菇。

但當月亮漸虧時

採摘前必三思。

──英格蘭埃塞克斯（Essex）民謠

嚴格說來，真菌並不完全屬於植物，但仍然值得一提。它們是來自迥然不同的生物王國的有機體；我們說的「蘑菇」實際上是真菌用來繁殖的子實體部分；真菌則是表示具有柄、傘和菌褶的菌體型態──如常見的洋菇和鵝膏菌──但「蘑菇」已成為稱呼整朵子實體的通用術語。拋開技術細節不談，我們有責任討論一下關於這些林地和樹籬主要居民的豐富傳說。

在兒童讀物、聖誕賀卡和維多利亞時代捲土重來的仙女風格繪畫中，蘑菇的意象與我們對魔法和奇幻的設想有本質上的聯繫。二十世紀初的童話插圖中到處都是棲息在蘑菇上的仙女和妖精。路易斯·卡洛爾抽菸的毛毛蟲便以坐在蘑菇寶座上出名。通俗的花園矮人拿著釣竿和報紙坐在蘑菇

傘上。在中世紀佛蘭芒（Flemish）畫家的世界，毒蕈經常出現在描繪地獄的畫面裡。毒蕈通常是作家隱喻腐朽和衰敗時的最愛，大量出現在莎士比亞的戲劇以及古典詩人濟慈、雪萊和丁尼生（Tennyson）的作品中。

　　也許是蘑菇的神祕使我們感興趣。它們似乎在一夜之間出現，沒有任何能讓我們與植物產生連結的周到細節；它們的尺寸、形狀和顏色差異非常大；而且，除非你真的對它們瞭如指掌，否則帶回家當晚餐是非常危險的。它們有許多通名是描述性的——成群結隊的皺帽子、火雞尾巴、炒蛋黏糊——其他有些更奇幻（更有警示意味），例如毀滅天使、死人的手指和尋屍者。

　　世界各地都有關於真菌的民間故事和神話，例如中美洲相信蘑菇實際上是林地精靈攜帶的小雨傘，保護他們免受雨淋，黎明時分精靈回家之後便留下了蘑菇。一個古老的基督教故事表示蘑菇被創造出來的那一天，上帝和聖彼得一起在麥田裡散步，聖彼得摘下一根黑麥開始咀嚼，上帝責備他，命令他吐出來，他照做了。上帝接著宣布，蘑菇會從被吐出的黑麥粒中長出來，餵飽窮人。立陶宛民間傳說中也有類似的故事，認為蘑菇是死亡之神維爾尼亞斯（Velnias）的手指，從冥界伸出手來餵飽飢餓的人。蘑菇不只有在立陶宛被認為與死亡有關；在非洲某些地方，它們被視為人類靈魂的象徵。

　　許多世紀以前，古埃及人認為蘑菇是從閃電擊中的地面長出來的，是由眾神送來，讓吃了它們的人得到永生。所以只有法老才能吃如此神聖的食物。

　　對食用真菌的恐懼大部分因為許多有毒品種難以辨識，它們看起來可能像其善良的表親，對人類產生誤導。民間有很多分辨毒蘑菇的建議，不幸的是全都沒有科學為後盾。這些建議包括將蘑菇放在洋蔥堆裡，有毒的蘑菇會使洋蔥變成藍色或棕色。同樣謬誤的說法還有當與毒蘑菇放在一起

時，歐芹會變黃，而牛奶會凝固。

歐札克人（Ozark，早期定居在美國歐札克高原的英國、蘇格蘭－愛爾蘭和德國移民）認為蘑菇只在滿月時可食用；在任何其他時間食用則會致命，或者味道不佳。[64]這個概念可能是隨著移民越洋傳播，因為不列顛群島正有類似的迷信。

關於判別蘑菇有毒與否，實際上或許有可信基礎的說法是將子實體與銀幣一起放在水裡煮；或者用銀勺子攪拌煮蘑菇的水。如果勺子或硬幣變黑，就表示蘑菇有毒。人們普遍認為銀是「純潔的」金屬——因此小說中經常重複出現同樣的橋段，亦即銀製子彈或刀子是防禦狼人和其他超自然同類的良好武器——所以像毒蘑菇這類邪惡的東西肯定會玷汙純銀。這聽起來可能只是迷信，但銀暴露於某些氣體如硫化氫時的確會變質，而硫化氫也許產生於某些真菌的毒素周圍。然而這個概念背後的科學並不能保證永遠有效，所以仍然不是建議的識別方式。

雖然許多聚集在樹樁和沼澤地裡的蘑菇無害，卻有一種生長形式啟發了全世界的傳說——蘑菇環。有些國家更通俗地稱之

---

64 凡斯・藍道夫（Vance Randolph），《歐札克魔法與民間傳說》（*Ozark Magic and Folklore*）。

為仙女環，這些蘑菇的排列型態是由菌絲體生長方式造成的，菌絲體就是製造出蘑菇的地下真菌。菌絲體從一個點開始以圓形向外生長，吸取土壤裡的養分。一旦該處營養耗竭，菌絲體就會把圈子向外推得更寬，偶爾會造成多個蘑菇逐個增大的環。紀錄中最大和最古老的環據說在法國貝爾佛（Belfort），大約有七百歲，兩千英尺寬。

這些環可以在一夜之間形成，而這種乍然出現的現象，令人們在數世紀之間深信背後有神奇的力量。不列顛群島的人說這些環發生於仙女在暴風雨過後跳舞的地方。然而，正如許多與妖精有關的地方，任何走進環裡的凡人都會大難臨頭；闖入者可能會發現自己睡了一百年，或被迫跳舞取悅小仙女們，直到力竭或瘋狂而死。仙女環帶來的並不全然是霉運：在環出現過的地方蓋房子會帶來好運，據說環本身還是埋了寶藏的地方，不過若想取得寶藏，你必須尋求仙女的幫助。

在歐洲其他地區，蘑菇環和巫術及魔鬼的聯繫更常見。在荷蘭，據說蘑菇環是魔鬼每晚放下牛奶攪拌壺的地點，當他再次提起壺時便在地面留下了痕跡。法國和奧地利相信蘑菇環與黑魔法有關，並且在夜間由巨大的蟾蜍看守，牠會詛咒任何試圖闖入的人。在蒂羅爾，一塊歷史悠久的阿爾卑斯山山區，如今隸屬義大利北部和奧地利西部的一部分，當地人相信魔鬼環不是仙女或魔鬼創造的，而是地表在夜晚被安歇的巨龍灼炙的區塊，只有蘑菇長得出來。

納米比亞也有類似的現象。這些環發生於納米比沙漠，寬度可達四十英尺。幾乎完美的圓形斑塊能在沙質草原上生長幾十年之後，忽然於一夜之間消失。這些環與北方的蘑菇環不同，不是由真菌引起；人們相信它們是啃食草根的沙白蟻巢穴。人們稱它們為「鬼圈」，在當地口述傳統中被解釋為自然神靈的作為，是人世與靈魂世界之間的出入口。

鵝膏菌家族：*Amanita spp.*

鵝膏菌家族中含有我們所知最致命的天然毒物之一，占全世界所有蘑菇死亡事件的百分之九十。只要一朵就能殺死一名成年人；致死原因除了致命劑量的鵝膏菌素之外，症狀可能需要六到二十四小時才會出現，使得受害者無法獲得需要的醫療援助。

據報導，最先出現的中毒症狀很單純，就是深深的不適感。隨後是劇烈的痙攣，看似於一兩天後好轉，但最後會在一週內導致腎和肝功能喪失。雖然有些吃下這些毒菇的人被及時的器官移植救回一命，大多數受害者卻無法倖存。

這個家族的真菌包括「死亡天使」白毒鵝膏菌（*Amanita verna*），「死亡菌」黃綠毒鵝膏菌（*A. phalloides*），和「毀滅天使」鱗柄白毒鵝膏菌（*A. virosa*）。

鵝膏菌家族中唯一不一定致命的成員，也是真菌中最具辨識度的一種：毒蠅傘 (*A. muscaria*) 出現在每年稍晚，通常在八月和十一月之間，生長在樺樹和雲杉樹下。我們一眼就能認出它的紅色菌傘和白色瘤。它是我們在藝術和文學中熟悉的「傳統」毒菌，許多世代以來人類一直利用它的致幻特性，通常是以精神和宗教目的作為宗教致幻劑（entheogen，意思是「從內部召喚聖靈」）。

歐洲日耳曼和北歐地區常見的民間傳說表示，「蟾蜍凳」（toadstool）這個通名源於人們認為蟾蜍和青蛙受這種真菌吸引，會將其作為棲息處或庇護所。此看法確實反映在這些國家的命名當中；在愛爾蘭、威爾斯、德國、挪威、荷蘭以及其他國家中，它被稱為蟾蜍菌、青蛙奶酪、青蛙袋和蟾蜍的大腦。不過事實上很少見到蟾蜍或青蛙與這些真菌互動，因為牠們的棲息地大不相同。

有人推測這種聯繫並非來自蟾蜍，而是古布列塔尼語裡的蟾蜍「tousec」，字源是拉丁文的「toxicum」，意為「有毒的」。最早的布列塔尼語稱毒蠅傘為「Kabell tousec」，翻譯成「毒菌」和「蟾蜍菌」，而變體「skabell tousec」同時意味「毒凳」和「蟾蜍凳」。[65]當時印歐地區的語言互相交流，翻譯名詞在某個時間點上彼此融合是不足為奇的事，流傳至今的民間故事之所以存在，只是為了解釋這個不尋常的名字。

　　比較容易解釋的是另一個通名蒼蠅傘菌（fly agaric）。傘菌是指該真菌的外觀，柄上長著有菌褶的傘。但是「蒼蠅」來自它作為殺蟲劑的傳統用途；人們通常將它的碎塊放在一碟牛奶或蒼蠅喝的水裡，讓毒性殺死蒼蠅。

　　儘管毒蠅傘的毒性足以殺死昆蟲，最有名的仍是它左右精神的作用。這種狀態是由兩種毒素引起的，鵝膏蕈胺酸和毒蕈胺，會造成頭暈、胡言亂語和昏醉，然後是大量的深度睡眠，最後昏迷。為了盡量減少毒性副作用，毒蠅傘會以某些方式加工，例如乾燥、燻製或做成飲料或藥膏。

　　在西伯利亞，馴鹿也受這種真菌的醉酒效果吸引。早期的部落成員看到動物的昏醉行為之後，會宰殺牠們吃其肉，體驗同樣的醉酒效果。另一種不那麼吸引人的攝入方法包括飲用飽食毒蠅傘的馴鹿尿液；如此一來，毒素在水中仍然活躍，卻沒有過量服用的危險。

　　較近期的一項說法是，早期的聖誕老人傳說可能發展自這個地區。紀錄中有一項西伯利亞堪察加的科里亞克人（Koryak）習俗，也以類似形式存在於東北地區的其他民族習俗中：隆冬日時，當地薩滿會穿過煙洞進入蒙古包，扛著毒蠅傘乾作為禮物。他在儀式期間食用毒蠅傘乾，參加者則

65　瓦倫蒂娜‧帕夫洛夫娜‧瓦森（Valentina Pavlovna Wasson），《蘑菇、俄羅斯和歷史》（*Mushrooms, Russia, and History*）。

喝下他的尿液，一同體驗致幻作用。聽起來可能令人倒胃口，但薩滿在儀式之前會禁食數天，因此尿液組成主要是水和未轉化的致幻化合物。儀式的目的是一場前往生命之樹的性靈之旅——生命之樹是長在北極星上的大松樹——並且為當年村裡所有問題尋求答案。儀式結束後，薩滿以同樣的方式離開，登上蒙古包中央的樺木小木樁，從煙洞裡爬出來。部落成員相信他能飛，也可以藉助與他分享毒蠅傘的飛天馴鹿自由進出。

在部分北歐和東歐地區，毒蠅傘也被稱為「烏鴉麵包」，來自兩隻與北歐主神奧丁一起活動的烏鴉福金（Huginn ）和霧尼（Muninn）。這可以追溯到中世紀的北歐吟唱詩歌裡將毒蠅傘稱為「Munins tugga」——霧尼的食物。「烏鴉的食物」（Munins tugga 或 verõr hrafns）也在北歐吟唱詩歌裡用於象徵屍體，以及雪地上的血紅色（或毒蠅傘）。據信毒蠅傘生長在奧丁坐騎斯雷普尼爾（Sleipnir）於冬至日野外狩獵時口沫落下之處。口沫接觸到的地面會孕育毒蠅傘，在九個月之後的秋天開始成長。

回到堪察加，烏鴉是神聖的動物，也是當地人的文化主角。科里亞克神話中認為毒蠅傘是造物主向人間吐唾沫時長出來，之後又被巨鴉吃掉。當巨鴉意識到自己得到了預知能力之後，宣布毒蠅傘必須永遠在地球上生長，以便人類看見牠要向他們展示的景象。

除了性靈目的，在許多歷史紀錄中都顯示著名的維京狂戰士使用毒蠅傘。在狂戰士期間，戰士們會出現不受控制的憤怒和一無所懼的勇氣。眾所周知，食用鵝膏菌會抑制身體的恐懼反應和驚嚇反射，在戰鬥時肯定是無價的能力。

另一個被認為以此目的使用鵝膏菌的著名神話人物，是愛爾蘭和蘇格蘭傳奇中的半神庫胡林（Cuchulainn）。庫胡林因能夠進入「戰鬥痙攣」（riastradh）狀態而聞名，該狀態不僅能讓戰士瘋狂，還包括巨大的力量，

以及殺死眼中所見每個人、無法阻擋的欲望。他的身體和臉孔會扭曲，全身高度發熱。所有這些症狀都是典型的鵝膏菌攝入症狀。特別是最後一個著名的「腦中著火」狀態，指的就是鵝膏菌中毒的常見症狀，即熱量湧上臉部和大腦。攝入了這種特殊的真菌，也就能解釋為何在症狀發作完之後，他遭受到極大的「削瘦病」，陷入嚴重的憂鬱並長時間睡眠，如同愛爾蘭阿爾斯特故事（Ulster Cycle）中描述的「庫胡林病」（Serglighe Con Culainn）。

人們認為毒蠅傘的外觀可能啟發了紅帽子的神話。紅帽子是不懷好意的地精型生物，於英格蘭和蘇格蘭邊境傳說中出現。據說這種生物棲息在橫跨邊界的廢墟和被遺棄的城堡裡，特別是發生過謀殺或戰爭的地點。紅帽子看起來就像矮小兇悍的老人，有長長的牙齒和突出的爪子，頭戴一頂猩紅色的帽子。若有人侵入他的巢穴，他就會用石頭砸死他們，並將帽子浸在死者的血裡。一個普遍的看法是紅帽子之所以會在這些地區出沒，是因為這些邊境城堡是由用人血沐浴基石的皮克特人（Pict）建造的。

在較南的康沃爾，「紅帽子」則是好心的成群仙女較通用的稱呼，她們穿著綠色夾克、猩紅色帽子，佩戴一根白貓頭鷹的羽毛。

假羊肚菌（鹿花菌，FALSE MOREL）：*Gyromitra esculenta*

假羊肚菌顧名思義，看起來非常像可以食用的羊肚菌。儘管它的拉丁學名中特別指出「美味」（esculenta），卻不應認為它可食用。在斯堪的納維亞、芬蘭和波蘭，它是受歡迎的珍饈，但在其他歐洲國家遭禁止，且出售時必須附上正確食用方法的警語。

雖然經過熟悉料理它的人處理之後可以安心食用，將其煮沸卻會導致毒素蒸散，光是吸入蒸氣就有可能致病。

它的毒素——甲基肼會引起嘔吐、頭暈、腹瀉以及最終的死亡。雖然並不總是致命，但人們認為它造成歐洲每年蘑菇致死案件的近四分之一。

斑紋絲蓋傘（FROSTED FOBRE CAP）：*Inocybe maculate*

斑紋絲蓋傘含有蠅蕈鹼，攝入或吸入都可致命。它會使脈搏變慢、盜汗和自律神經系統受到干擾引起的協調障礙。最後死於呼吸衰竭。

黃金膠菌（GOLDEN JELLY FUNGUS）：*Tremella mesenterica*

黃金膠菌又名黃凍菌，是全球常見的真菌。它可以食用而且無毒（雖然沒有味道），在瑞典被稱為巫師奶油或巨人奶油，據說可以施咒。要給特定受害者下咒時，只需要將黃金膠菌丟向對方就可以扭轉厄運。

然而，受害者也能將詛咒回敬下咒者。藉著敲打黃金膠菌消除詛咒；若以鈍器打擊，下咒者就能受到傷殘，若是鋒利的武器，下咒者則會死。[66]

墨汁鬼傘（INKY CAP）：*Coprinus atramentarius*

墨汁鬼傘是一種白色的小蘑菇，成熟時會變黑，並開始「融化」成長長的墨水滴。它在整個北半球都是常見的真菌，全株皆可食用，但是與

---

66 約翰內斯・比詠・加德貝克（Johannes Björn Gårdbäck），《巨魔：北歐民間魔法傳統的咒語和方法》（*Trolldom: Spells and Methods of the Norse Folk Magic Tradition*）。

酒精一起攝入就變得有毒，因此另一個常見的名字是毒酒鬼菌 tippler's bane。這個結果是由墨汁鬼傘中稱為鬼傘毒素的活性化合物造成，能阻斷人體中的酶；酶通常負責分解導致宿醉的酒精，因此，墨汁鬼傘中毒的症狀可能包括臉孔發紅、噁心、嘔吐、不適、激動、心悸和四肢刺痛。雖然大多數人在幾個小時之內會復原，但已知它會導致心臟停止。

撒旦牛肝菌（SATAN'S BOLETE）：*Rubroboletus satanas*

撒旦牛肝菌又名血牛肝菌，是牛肝菌科的一員，但它不像其他堂兄弟們可以食用。這種菌的中毒紀錄很少見，因為它令人反感的外觀絕對能打消採蘑菇者的實驗欲望。它紅色的身體彷彿蹲踞在地面，散發著腐肉味，越成熟氣味就越強，當被切割或擦傷時，菌肉會變成藍色。攝入的症狀包括噁心和嘔吐。

可以長到三十公分寬的撒旦牛肝菌最早是在一八三一年由德國真菌學家哈拉德・歐特瑪・蘭茲（Harald Othmar Lenz）命名並記錄。雖然它的命名原因可能是因為顏色類似據說是撒旦穿的紅色大衣，但也可能是因為蘭茲在研究它時因其「邪惡的發散物」感到不適而討厭它。[67]

猩紅精靈杯菌（SCARLET ELF CUP）：*Sarcoscypha coccinea*

猩紅精靈杯菌是引人注目的真菌，整個早春都能在枯木上找到。鮮紅色的杯狀菌很少長到一英寸以上，據說是精靈和仙女用來啜飲晨露的器皿。這個民間信仰也反映在拉丁學名裡：「sarco」的意思是「肉」，「skyphos」是「水碗」。

---

67 彼得・馬倫（Peter Marren），《蘑菇：英國真菌的自然和人類世界》（*Mushrooms: The Natural and Human World of British Fungi*）。

雖然它可以食用，卻不是受歡迎的食物，因為它味道寡淡，質地堅韌。然而，奧奈達（Oneida）等美洲易洛魁（Iroquois）領域內最早出現的原住民部落用它促進傷口癒合和止血，並將其塗抹在新生兒的肚臍上或癒合緩慢的傷口。

魔鬼痰（毒紅菇，SPIT DEVIL）：*Russula emetica*

魔鬼痰也稱為作嘔者，是味道辛辣，主要生長在針葉樹下的真菌。正如它的名字所暗示，食用它會導致嚴重的腸胃不適，持續數小時，但很少致命。它的毒素可以經由煮成半熟或醃漬去除，在俄羅斯和東歐很受歡迎。

GAS PLANT
Dictamnus albus
南歐白鮮

一列白色木仙女

可愛，美麗，唱著歌——輕輕踏著青草

抵達英雄之後坐下。

其一用草藥包紮傷口

其二向他潑灑清水

其三飛快親吻他的嘴

他凝視她——可愛，笑容盈盈。

——赫里斯托・波特夫（Hristo Botev），

〈哈吉・迪米塔爾〉（*Hadzhi Dimitar*）

南歐白鮮有濃密的葉子和高大的粉紅色花穗，是引人注目的植物，背後隱藏著意想不到的祕密。在它細膩的花朵和帶著檸檬香味的葉片下，會產生易揮發起火的精油，只要一接觸火柴就會起火，但是對植物本身卻沒有傷害。

　　這種自燃能力來自植物葉片上的異戊二烯油，能在低溫下蒸發，並在植物周圍形成高度易燃的氣層。這種易燃性被認為只是油的副作用，其目的是防止熱應力。也正是這種油使植物具有獨特的檸檬香味，提醒我們與它看似不相干的親戚：它是芸香科的成員。

　　由於南歐白鮮的葉片形狀，它又被稱為「小白楊」（fraxinella），據說生長在薩摩地瓦（samodiva）和薩摩維拉（samovila）喜歡的水源附近，他們是頑皮的保加利亞林地精靈，對於遇到的人有時仁慈，有時惡毒。他們的名字揭露了本性——薩摩（samo）表示「自我」，地瓦（diva）表示「狂野」或「狂暴」，而維拉（vila）的意思是「旋轉」，有如龍捲風或狂風。這些精靈身穿白衣，戴著南歐白鮮葉片編成的花環，據說會變成狼，或者騎著白鹿和熊穿過樹林。[68]

　　雖然這兩種精靈大多仁

68　米亥爾・阿瑙多夫（Mihail Arnaudov），《保加利亞民俗采風》（*Snapshots of Bulgarian Folklore*）。

慈，但是他們生氣的話，就會顯出天生的火力——據說能夠化身為吐火的巨鳥怪，還能帶來乾旱，或使牛隻死於高燒。[69]

GHOST PLANT
Monotropa uniflora
水晶蘭

它是最奇怪的花朵，可怕得令我們幾乎
對其完美的表現感到欣喜的滿足
毛骨悚然的興奮，就像我們對好的鬼故事產生的反應。
——愛麗絲·摩爾斯·厄爾（**Alice Morse Earle**）

　　水晶蘭是不尋常的花，儘管它的外觀極動人，卻很容易錯過。雖然它在盛夏生長，一簇一簇的植株卻像幽靈般蒼白，摸起來又冷又濕。此外，它們被觸碰時會產生黏稠的液體，能立即造成植株瘀傷變黑，使它看起來像是「融化」了一般。水晶蘭又名鬼煙管、屍草，分布於北美、日本和喜馬拉雅山山脈。

　　這種花不能行光合作用，非常依賴特定的樹木和真菌的營養。植物的根與另一種寄生植物形成共生關係：一種依靠地上的葉黴存活的真菌，將

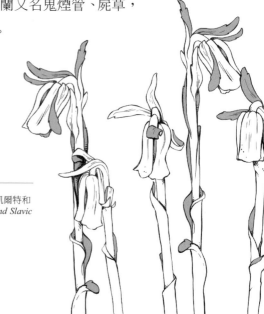

69 揚·馬查爾（Jan Máchal），《各種族神話　第三部：凱爾特和斯拉夫神話》（*The Mythology of all Races. III, Celtic and Slavic Mythology*）。

水晶蘭連結到附近針葉樹的根部，使兩者都能以來自樹木的糖分為食。若是沒有針葉樹、充足的落葉、真菌這些複雜而獨特的組合，水晶蘭便無法生存。

海岸和海峽薩利希族（Salish，太平洋西北地區海岸的原住民）將這種寄生花朵與狼連結起來，它在當地名字的意思是「狼尿」，因為人們認為它在狼隻標記領域的地方生長。這種連結可能來自植物強烈的阿摩尼亞氣味，而且它的棲息地多有狼群。

很可能由於它幽靈似的外觀，它在歐洲與來世和鬼魂聯繫在一起。一則德國民間療法說這種植物可以治癒一顆因為親人死亡而破碎的心。

這裡有一個重要的提醒：在過去十年裡，水晶蘭已經從常見改列為瀕危植物，很可能是由於更多人意識到它的奇特之處，和各種對其藥理用途的討論。由於它複雜的生存方式，並不能在採摘或移植後存活，植株數量已經因為好奇的崇拜者而銳減。如果你遇到它，重要的是記住許多事物留在原地反而更美麗。

GIANT HOGWEED
Heracleum mantegazzianum
大豕草

我又看到了，在很遠的

北方大地——

不是三色菫，不是紫白相間；

而是美妙的偽裝

這株毒草轟立，

在我眼中既美麗又致命。

男人渴望她的吻和惡臭的氣息

沒有友人在他們身邊忠告

接吻便是死亡，

她的實話是謊言，

她的美麗是能殺死靈魂的咒語。

——約翰·博伊爾·歐萊利（John Boyle O'Reilly），

〈毒花〉（*The Poison Flower*）

大豕草是具有高度侵入性的雜草，咸認起源於歐亞大陸的高加索地區，但迅速發展遍布全球各地。它最初的引進原因是植株的白色花朵和大尺寸（有些植株可以長到十八英尺高），早期植物學家遂將它帶回祖國作為大型花園的觀賞植物。紀錄中，它在一八〇〇年代後期引入英國送給皇家邱園（Royal Gardens at Kew）。不久之後，這株植物很快就溜出邱園，開始自由地在不列顛群島上繁衍。

它是一些無辜並且為人所知物種的親戚，例如歐芹、胡蘿蔔和芫荽；它也與本書中提到的致命嫌疑植物有關，例如毒參、毒歐芹和水芹。

而且，正如這些愛惹麻煩的植物，大豕草之所以被認為是禍害，除了因為它快速生長的習性，也因為接觸它會對皮膚造成嚴重傷

害。植物的汁液具有光毒性，可引起水泡、灼傷，甚至失明。當汁液與身體接觸時，會阻止皮膚自我保護免受陽光灼傷的能力，所以就連陰天也能曬傷。一開始產生的光敏性會導致皮膚發炎和灼傷，症狀可以持續幾天，但也可以在幾年後重新出現；某些病患報告，接觸其汁液的二十或三十年內又復發形成皮膚灼傷。在某些嚴重的情況下，樹液會導致皮膚顏色的永久性變化。

在瑞士一項植物中毒報告的二十九年研究當中[70]，大豕草中毒被列為「嚴重」的案例數量之多，使它成為該國第二危險的植物，僅次於顛茄。

GRASSES
Heracleum mantegazzianum
草

低沉的樂音，如吹過草的風一般稀薄，

擊打紅底船身；當狂野的露珠有如

飽滿美麗的水晶球墜落地面時，

揭露了精靈的夜宴；微暖的夜，含著陣雨的雲朵

戴著藍鈴花和淡色毛地黃的花冠祈禱。

——麥迪森·朱利宇斯·凱溫（**Madison Julius Cawein**），

〈**死亡的覺醒**〉（***Disenchantment of Death***）

---

70 傑斯珀森－席布（Jaspersen-Shib），《一九六六至一九九四年瑞士發生的嚴重植物中毒事件，瑞士毒物學資料中心案例分析》（*Serious plant poisonings in Switzerland 1966-1994, Case analysis from the Swiss Toxicology Information Center*）。

這個世界上少有無草之處。無所不在的它如此平凡，經常被人們忽視——草坪、田野、林地，並且以蘆葦、竹子、甘蔗和穀類植物等不勝枚舉的型態出現。但是雖然它們帶來這麼多好處，這個龐大多樣的家族中，卻有某些成員不太友善。

飢餓草（HUNGRY GRASS）

在愛爾蘭神話中，「féar gortach」或「飢餓草」（也稱為精靈草）指的是一片受到詛咒的草皮，任何走在上面的人都會遭到厄運：永遠填不飽的飢餓。雖然沒有故事解釋這些草皮為何受了詛咒，但是有些故事說精靈種植草皮是為了抓住戰戰兢兢的路人[71]，而另外某些故事則認為詛咒是來自於死前未行臨終懺悔儀式的屍體。[72]

人死後，遺體在入土之前通常會先經過幾天的「看守」。在這段時間，朋友和家人會陪著棺材，打心裡思念死者，在棺材周圍吃喝，以確保遺體不因寂寞而復生。但是，如果在某個時候完全沒人照看遺體，它就可能起身四處遊蕩，成為「féar gorta」。這具憔悴的屍體與飢餓草的名字類似，在到處行走之餘向人們索要食物和金錢。凡是慷慨施捨的人都會被報以好運，反之則會陷入貧窮的懲罰。人們認為飢餓草會出現在屍體走過之處，詛咒著它腳下的土地。

假若你遇到一塊飢餓草，抵銷詛咒的方法很簡單：只要隨身攜帶一些食物和啤酒，邊吃喝邊走過飢餓草皮就行了。這在任何情況下都是好建議，真的！

---

71 威廉·卡爾頓（William Carleton），《愛爾蘭農家特色和故事，第三卷》（*Traits and Stories of the Irish Peasantry, Volume III*）。
72 斯蒂妮·哈維（Steenie Harvey），《暮光之地：歷久不衰的愛爾蘭精靈故事》（*Twilight Places: Ireland's Enduring Fairy Lore*）。

白茅（COGON GRASS）：*Imperata cylindrical*

白茅原產於中國（也稱為日本血草），是一種入侵植物，在一七〇〇年代流傳到日本，一九四〇年代開始入侵美國。它在某些地方可以長到十英尺高，每片葉片邊緣都有鋒利如刀的微小二氧化矽晶體，就連根都有倒刺，可以切斷與其競爭相同資源的其他植物根部。

這個能適應火災的物種高度易燃，由於其生長密度很高，引起的火焰會比普通火焰更熱、更亮。這些大火足以殺死競爭植物，甚至樹木；野火燒過之後的地表會變得光禿禿，白茅幼芽便順勢從地下莖網絡冒出頭。

關於白茅迅速燃燒之後死亡的方式，在菲律賓若有人被稱為「一場白茅火」（ningas cogon），就表示這個人愛拖延，並且對能迅速擺平的案子特別感興趣。

石茅（JOHNSON GRASS）：*Sorghum halepense*

石茅是高大的草，在美國各地都有侵入性，對牛隻最危險，因為牠們可能會吃還很小的幼苗；但光是幼苗就含有足以殺死一匹馬的氰化物，會先引起焦慮和抽搐之後造成心臟驟停。

高粱屬的另一個成員「掃帚玉米」（二色高粱，Sorghum bicolor），據說是十六世紀義大利東北部弗里烏利（Friuli）地區的女巫首選武器。這些壞心的女巫（稱為「壞行者」〔malandanti〕）用高粱稈對抗持著茴香的「好行者」（benandanti）。這些戰鬥都在晚上身體離魂的夢境中完成。[73]這種夢遊形式類似於科西嘉島的馬澤里用常春花莖戰鬥，兩種迷信可能來自同樣的根源。在十六世紀的女巫審判中，好行者們被指控是真正的女巫，

---

73 卡羅‧金茲堡（Carlo Ginzburg），《夜戰：十六和十七世紀的巫術和農業崇拜》（*The Night Battles: Witchcraft and Agrarian Cults in the Sixteenth and Seventeenth Centuries*）。

而「benandante」這個名字便成為「stregha」的同義詞——弗里烏利語中最原始的「女巫」一詞。

茅香（SWEET GRASS）：*Hierochloe odorata*

茅香很耐寒，即使在北極圈內也能生長。雖然每一根可以長到七英尺長，但它沒有長高所需的剛性莖，因此以水平方向生長。它因為甜美的香氣和風味在歐洲廣受歡迎，在法國用於糖果、菸草和飲料調味；在俄羅斯作為茶飲；在德國則於聖人日撒在教堂門口。這個傳統淵源於其拉丁學名：hierochloe 是希臘語，代表「聖草」，而 odorata 的意思是「芬芳」。

它在波蘭被稱為野牛草，是傳統伏特加酒祖布羅卡（Zubrowka）的成分之一。雖然茅香因其獨特的甜味而添加於飲料中，但甜味來源的香豆素也能稀釋血液並放鬆身體。這種飲料如今在歐洲仍在銷售，但美國已於一九七八年禁止。

GREAT MULLEIN
Verbascum thapsus
毛蕊花

我離你太近，對你來說太明顯，

牆縫中的一朵毛蕊，

村民們只看見一半，或根本看不見，

如同天氣的一部分，風或露水。

——麗澤特·伍德沃斯·利斯（Lizette Woodworth Reese），

〈一朵毛蕊花〉（*A Flower of Mullein*）

毛蕊花是高大的植物，從葉片蓮座叢中央長出長長的花穗。由於快速生長的特性和種子長久的存活期，在許多地方它已經被視為雜草和禍害。

儘管它的生長習性給人帶來麻煩，但也有它的用途：花可用於生產亮黃色或綠色染料；它在早期羅馬時代被稱為「Candela regia」或「Candelaria」，植株的莖稈經過曬乾之後浸入羊脂中，像火炬一般在葬禮上點燃。[74]這種用途不僅限於羅馬人：北歐地區俗稱它為燭芯草（hedge-taper），後來在十六和十七世紀的全歐女巫審判期間，這個名字被扭曲成醜嫗燭（hag-taper），被用來懷疑所有任其在住家附近恣意生長的人。毛蕊非常適合用於生火；葉片和莖上的毛絮可以摘下作為火種，莖稈裡長長的纖維是理想的燈芯，整株開花的莖都可以在乾燥之後用作火炬。這種用途使其成為防禦黑暗力量的理想守衛。在歐洲和亞洲，它被認為有驅邪的力量，在印度則以焚燒來抵禦邪靈和魔法。希臘人認為它有同樣的力量；

---

74 約翰·帕金森（John Parkinson），《植物大觀》（*Theatrum Botanicum*）。

在荷馬的《奧德賽》中，奧德修斯（Odysseus）將這種植物帶到艾尤島上保護自己以免陷入喀耳刻的詭計。

　　處理毛蕊花時要小心，因為多毛的葉子和苛性汁液會刺激皮膚，全株含有魚藤酮，一種化學組成與蟾蜍皮膚中的毒液有關的毒素。攝入會導致耳鳴、眩暈和口渴，同時還會窒息、舌頭和喉嚨腫脹、減慢心跳。情況嚴重時，心跳可能會減慢到驟然停止。

HELLEBORE, BLACK
Helleborus officinalis
黑嚏根草

漁人也不會在夜晚手提燈籠

於女巫塔旁下水，

黑嚏根和毒參看似

在黑暗的地窖周圍編織成陰鬱的棚，

為了夜晚魔法時刻的死者靈魂。

——湯瑪斯・坎貝爾（Thomas Campbell），

〈自盡者的墳頭詩〉（*Lines on the Grave of a Suicide*）

這種家喻戶曉的植物在歐洲很常見，和它有毒的表親毛茛同屬於毛茛目。第一次看見黑嚏根草的人可能會對粉紅色和綠色的花朵感到吃驚，但是它的名字並不來自花瓣的顏色，而是它的根。許多較老的草藥典有黑嚏根草和白嚏根草的分類，但是「白」嚏根草如今並不存在；並且經過確認其實是白藜蘆（Veratrum viride）「假嚏根草」，毒性更強，但並無物種關聯。黑嚏根草因其開花時間，也俗稱聖誕玫瑰，然而，它與玫瑰家族無關。

「Helleborus」這個拉丁文名字來自「elein」，意思是「造成死亡」，而「bora」是「食物」。正如名字暗示的，這種植物——以及該科中的其他所有品種——含有劇毒，作為殺蟲劑和戰爭工具的歷史悠久。植株所有部分都有毒，如果處理不當會引起皮膚過敏，食用之後會導致口腔和喉嚨灼傷、嘔吐和破壞神經系統。就算只是聞植物的氣味也可以導致鼻道灼傷，有一則紀錄是某人喝下一盎司浸泡過根部的水之後，在八小時內就死亡。[75]

希臘人充分利用這些特性，將它作為最早期的化學武器。早期希臘地理學家保沙尼亞斯（Pausanias）描述述西元前五九五年的一次襲擊：奇拉鎮（Cirrha）不斷提高朝聖者前往神聖的皮托城（Pytho，後來稱為德爾菲〔Delphi〕）的通行費，後來雅典軍隊襲擊了奇拉。在圍攻期間，為該鎮供水的運河被雅典軍隊阻斷，試圖迫使奇拉人民投降。當這條計策失敗後，雅典軍隊的指

---

75 威廉·湯瑪斯·弗尼（William Thomas Fernie），《可用於現代治療的藥草》（*Herbal Simples Approved for Modern Uses of Cure*）。

揮官索隆（Solon）恢復了河道裡的水流，但是先在水裡浸泡了成捆的黑嚏根草。城內口渴的部隊喝了受到汙染的水之後紛紛病倒，再也無力守城，雅典軍隊的圍城行動大功告成。

歐洲的戰爭中持續使用黑嚏根草，許多中世紀的劍刃上有凹槽設計，用於塗抹致命的黑嚏根草或其他毒藥（例如烏頭）製成的糊。愛爾蘭凱爾特人將投毒發展成一門藝術：他們將黑嚏根草、草原松蟲草和紅豆杉種子的混合物塗在刀刃上。[76]雖然紅豆杉的毒性素有盛名，肉質假種皮（英文稱為紅豆杉漿果）本身卻無毒，可能是作為黏合劑而與其他植物混合在一起。

然而，到了十六世紀，黑嚏根草幾乎不再用於戰鬥，但它的毒性對許多人來說仍然很有價值。作者李歐納德・馬斯寇（Leonard Mascall）在他一五九〇年的《器械與捕捉工具》（*A Booke of Engines and Traps*）一書中描述如何使用黑嚏根草清除屋裡的害蟲：「取黑嚏根草粉，也稱為毒鼠粉，和大麥粉一起和成泥。然後加入蜂蜜製成糊狀，然後烘烤，或風乾，或油炸，它會殺死吃它的老鼠。」

幾個世紀以來，黑嚏根草的根一直被認為是治療精神錯亂的良藥，雖然這種說法的起源和真實性令人懷疑且難以證明。它可能始於希臘神話中的密蘭帕斯（Melampus），據說用黑嚏根草治癒了阿爾戈斯的普洛特斯國王（King Proteus of Argos）女兒們的瘋症，一五〇〇和一六〇〇年代的草藥醫生（這些人經常把神話和現實混為一談）將這個故事視為合理散播黑嚏根草功效的證明。這種想法也衍生出了羅馬諺語「Naviget Anticyram」：「去一趟安提西拉（Anticyra）」，安提西拉是盛產黑嚏根草的希臘島嶼。

76　羅伯・格雷夫斯（Robert Graves），《白色女神》（*The White Goddess*）。
77　威廉・湯瑪斯・弗尼（William Thomas Fernie），《可用於現代治療的藥草》（*Herbal Simples Approved for Modern Uses of Cure*）。

人們經常對被認為失去理智的人說這句話。[77]

　　與許多有毒植物一樣，黑嚏根草在歷史上被賦予了神奇的能力，受到女巫和醫生的青睞。據說若將其用於肥料，或將它直接嫁接到另一棵植物上，便有能力改變別株植物的特性。透過這種技術，人們相信它的毒性可以神奇地轉移到通常無毒的植物上。那些植物會是施用敲擊咒（一種早期的英語詛咒形式）的理想材料。在法國，它被認為可以改變對周圍空間的感知；廣為流傳的民間故事中說，軍隊徵召的巫師們能夠用一團黑嚏根草粉霧包圍自己，在看不見他們的敵軍附近走動。[78]

　　它還被醫生用來「治癒」人們認為遭巫術加害的疾病。據說治療魔法引起的耳聾效果很好，在一六〇〇年代被認為可以治癒被魔鬼附身的人，結果導致在一段時期中，它被稱為「魔鬼的飛行」（fuga daemonum）。[79]某些具有相同功能的植物，例如聖約翰草（貫葉連翹），也在同一時期獲得了這個名字。

HELLEBORE, FALSE
Veratrum spp.
藜蘆／假嚏根草

東方天色變紅，

戰士們經過；

西邊夜色漸沉，

78 茉德·格里夫（Maude Grieve），《現代草藥》（*A Modern Herbal*）。
79 理查·佛卡德，《植物知識、傳說和詩歌》。

他們看最後一眼；

當他們向他注視最後一眼——

他，他們的戰友——他們的指揮官

他，地球崇拜的——

他，神一般的亞歷山大！

誰能揮舞他的劍？

——莉提西婭・伊莉莎白・蘭登（Letitia Elizabeth Landon），〈亞歷
山大大帝的臨終病榻〉（*The Death-Bed of Alexander the Great*）

在許多早期的草藥中，藜蘆有很長一段時間被稱為白嚏根草，被認
為是嚏根草屬的成員，雖然兩種植物看起來並不相似。現在我們已知兩
者無關，藜蘆自成一屬，甚至比真正的嚏根草更致命。

真正的嚏根草很少致命，藜蘆的毒卻是快速而且致命的。它會
導致耳鳴、眩暈、昏迷和難以忍受的口渴，緊接著是窒息和猛烈的
嘔吐。然後心跳減緩，引致癲癇和心跳停止。然而，這種植物只在活
躍的成長期間製造毒素；大部分毒素在冬季會降解，而且這個時期可以
採收它的根做藥，這是某些美洲西部印第安人如黑腳族的做法。黑腳族
也在春天和夏天採集植株的根，此時它是最毒的時候，他們將採集的
根留給苦於不治之症的人自殺之用。[80]

加拿大原住民還將藜蘆根作為其他用途。一六三六年，
約翰・裘斯林（John Josselyn）記錄某些部落為了選擇下一
任首領而舉行的艱苦考驗；選擇接受考驗的人會吞下藜

---

80 艾力克斯・強斯頓（Alex Johnston），《黑腳族印第安人對大平原西北部植物群
的應用》收於《經濟植物學》第二十四卷（*Blackfoot Indian utilization of the flora
of the north-western Great Plains. Economic Botany.* Vol 24）。

蘆根，撐得最久，沒有嘔吐的人就會被認為是候選人中最強壯的。[81]溫哥華島的薩利希人認為它的毒性可以用於更遠之處；他們攜帶藜蘆根在海上航行，作為能殺死海怪的護身符，免於被海怪攻擊。[82]

　　無論如何，藜蘆仍然是劇毒植物，我們應該盡可能不與它接觸。最著名的受害者是亞歷山大大帝（至少有此一推測），他在西元前三二三年，三十二歲時死亡，當時他已經征服了大部分在當時被稱為文明世界的地區。普魯塔克和狄奧多羅斯記錄了他死前兩個星期日益惡化的健康狀況，症狀正符合藜蘆中毒。

HEMLOCK
Conium maculatum
毒參

某天，他從閣樓向外望

小花園所在處；

蕁麻和毒參掩沒青草，

花朵全都饑饉枯萎。

——湯瑪斯·哈迪（Thomas Hardy），〈兩個人〉（*The Two Men*）

　　本書裡介紹的毒參和至少其他三個親戚其實都隸屬無害的繖形科家族。它常常被誤認，不應該與名字類似（毒參英文通名為 hemlock）的無

81　約翰·裘斯林，《新英格蘭發現的鳥、獸、魚、蛇和植物》（*New-England's Rarities Discovered in Birds, Beasts, Fishes, Serpents, and Plants of That Country*）。

82　南希·透納（Nancy Turner）和馬可斯·貝爾（Marcus Bell），《溫哥華島沿海薩利希印第安人的民族植物學》（*The Ethnobotany of the Coast Salish Indians of Vancouver Island*）。

毒鐵杉樹（*Tsuga spp.*，英文通名 hemlock tree）或與毒水芹（*Cicuta spp.*，英文通名 water hemlock）混為一談。同樣地，它的外觀類似其他繖形植物，如野胡蘿蔔、歐芹和峨參，偶爾會導致悲劇性的錯誤。

這個古老的日耳曼葬禮用藥草無疑是受到古希臘人的啟發。在數個世紀之間，它是雅典用於處決的官方毒藥，並且許多著名的歷史人物死於它的毒性，如蘇格拉底（他的處決經過在本書開頭有更詳細的討論）、塞拉門尼斯（Theramenes），和福基翁（Phocion）。德國人對它特別感興趣，相信它是苦大仇深的植物，並宣稱它對其他較受人類喜愛的植物懷有特殊的怨恨，比如芸香；毒參憎恨芸香的程度，甚至令它不想生長在芸香附近。

有些歷史記載提到毒參中毒的死亡過程很暴烈，以窒息和抽搐為主要徵象。這兩點正好幫助我們矯正對植物的識別錯誤：抽搐是水毒芹的症狀，該植物屬於毒芹屬（Cicuta），而不是毒參（*C. maculatum*）。希臘人選擇毒參是因為它保留、緩慢的本性；毒參中毒之後需要幾個小時才死亡，過程如此緩慢，以至於大劑量並不會立即致命，並且可能需要在執行死刑期間追加

劑量。以誠實著稱的雅典政治家福基翁的處決就是這種情況。根據行刑過程的紀錄，最初的毒參劑量不足以完成行刑，而且由於劊子手知道自己是唯一具有追加劑量資格的人，利用這一點要求額外的十二德拉克馬酬勞，否則拒絕追加第二劑。

在某些情況下，古希臘帝國認為自殺是高尚的情操，所以毒參被嚴格禁止使用在這些情況。在愛琴海的塞亞島（Cea，現在的科斯島〔Kos〕），居民在達到一定年齡或認為自己似乎已經達到了人生所有的目標，就會服用毒參，以免到了晚年成為負擔。哲學家米歇爾・德・蒙田（Michel de Montaigne）曾描述西元一世紀時，羅馬將軍塞克斯圖斯・龐培（Sextus Pompeius）也在場的一次事件：

塞克斯圖斯・龐培在他的亞洲之行中，抵達了內格羅蓬特（Negropont）的塞亞島：他在那裡遇見一位高尚的女性，向人們解釋她為何決心結束自己的生命，並邀請龐培親臨她的死亡日，龐培也接受了邀請……她年有九十，身心愉悅；她躺在床上，穿著比普通更好的衣服，枕著她的手肘，『對我來說，』她說道，『幸運總是對我微笑，我怕活得太久，看到命運的另一副臉孔，所以我用幸福的終結手段先走一步，解脫我剩餘的靈魂，留下兩個出自我身體的女兒和一群甥侄。』講完之後，她豪邁地接過盛著毒藥的碗，向水星發誓和祈禱，帶她往另一個世界的幸福的居所，將死亡毒藥大口嚥了下去。喝完之後，她向周遭的人描述毒性的進展，寒氣如何逐步入侵身體的幾個部位，直到最後抵達她的心和腸，她叫女兒們負責最後一道手續，替她闔上眼睛。

——哲學家米歇爾・德・蒙田，《散文》（*Essais*），一五八〇

法勒烏斯・麥克辛姆斯（Valerius Maximus）也有類似的敘述，他是塞克斯圖斯・龐培的作家摯友，談到大約在同一時期馬賽地區的法律。當時，

不遵守規定的自殺是違法的；然而，那些希望自殺的人（通常是因為不想成為下一代的負擔）可以向參議院提報自己的案例，並解釋希望這麼做的理由。如果參議院同意動機合法，未受他人脅迫，他們便會允許此人取得由毒參製成的毒藥。[83]

HEMLOCK, WATER DROPWORT
Oenanthe crocata
毒水芹

人們認為大自然會讓人笑著死亡，但這個東西毫無疑問完全相反，因為它會引起抽搐、抽筋，以及嘴部絞痛，有些人會以為當事人真的是笑著死的，事實上他們是在巨大的痛苦中死去。

——約翰・傑拉德，《大草藥典》

　　毒水芹可見於溝渠、河岸、溪流等潮濕環境中，因其高度（高達五英尺）和七月出現的白色繖形花序而顯得鶴立雞群。在土面之下，植物從一團團、白色或粉紅色的長長塊莖中生長出來——所以它在某些地區的俗稱是「死人的手指」。

　　「Oenanthe」這個名字是希臘文「oinos」結合「anthos」，意思是「酒花」，來自盛開花朵的果香味。J・派里瑟（J・Palliser）船長（派里瑟率領英國北美探險隊進入後來的加拿大西部）在一八六三年的紀錄中提到有關該植物的事件，當時探險隊在不遠處亞伯達（Alberta）彭比納河

83　法勒烏斯・麥克辛姆斯，《第二部書》（*Book II*）。

（Pembina）流域的沼澤附近紮營。他的隊友中有一些是易洛魁印第安人和法國移民所生的追蹤者，了解兩種文化的民俗。他們稱毒水芹為深色皮的蘿蔔（carrot à moreau）。營地在夜晚被來自沼澤，似有若無的喃喃自語聲所擾，這些追蹤者說噪音肯定來自毒水芹，「由於其有毒和神奇的特性」。因為對這個現象感到不安，一些人進入沼澤地尋找真相，但是當他們接近噪音源頭時，聲響便停止了。追蹤者一致認為這就是該植物的個性，會在外物接近時沉默下來隱藏自己。經過一段時間的搜索，罪魁禍首終於被逮捕了——一隻在夜間出沒的小青蛙，對自己造成的困擾毫無所覺。

姑不論毒水芹是否會發出幽靈般的喃喃聲，不爭的事實是毒水芹含有劇毒。它是歐洲最致命植物之一，在其他國家也是當地物種強有力的競爭對手。它的莖像芹菜，根類似它無害、可食用的表親，無怪乎這種植物使許多人和動物中毒。光是一條根便足夠殺死一頭大牛，更少的分量就能終結某個倒楣鬼的命。

它的莖和根含有大量的水芹毒素，可能導致抽搐、癲癇發作、腎功能衰竭，並最終造成呼吸和心臟窘迫。它還可能癱瘓喉頭，引起長期喑啞。民間因為這種症狀稱它為「死舌」；盎格魯－愛爾蘭草藥學家特雷克爾（Threkeld）記錄了他在一七〇〇年代初曾負責治療的八名住院男孩：其中五人在第二天早上之前死亡，自從吃了毒水芹後，沒有一個男孩說過一句話。

水芹也被認為是「sardonic」

---

84 凱勒·特雷克爾（Caleb Threlkeld），《愛爾蘭植物一覽》（*Synopsis Stirpium Hibernicarum*）。

一字的起源，意思是「冷酷地嘲諷」。在早期的希臘羅馬文獻中記載了一種稱為諷刺草的植物，現在已被確定為水芹屬的成員。攝入該植物引起的抽搐可蔓延至面部肌肉，導致名為「輕蔑笑聲」（risus sardonicus）的疾病。它會使眼睛凸出，眉毛大幅上揚，嘴唇和嘴巴急遽收縮，令人以為受害者已經大笑而死。這個狀態不僅出現在毒水芹受害者身上（馬錢子鹼能引起類似的症狀），也發生在患有破傷風的病患。荷馬是頭一個創造這個字的人：他聽說薩丁尼亞島的布匿人曾以此植物毒害老年人或罪犯之後，將他們扔下懸崖。毒水芹非常適合這種儀式，因為布匿人相信死亡只是新生命的開始，應該以微笑迎接。

HEMP
Cannabis sativa
大麻

她因為這樁嚴肅的行為打顫，

將魔法種子撒在周圍，

重複三次：「播下種子，

我的真愛將以鐮刀收割的莊稼。」

直挺挺地，她被乍現的恐懼凍結，

看見她的摯愛握著鐮刀出現。

接著，她尋找紫杉樹蔭，

為愛而死的人安葬之處；

青翠的草皮上

許多月光下的仙女足跡，

戴著黃花九輪草和百合花環

她於其下編織山楂樹籬；

並輕聲說：「啊！願科林證明

你的愛長長久久！」

蒼白的嘴唇充滿恐懼，

親吻著覆蓋他冰冷頭顱的草地！

——作者不詳，〈農舍女孩〉（*The Cottage Girl*）

　　大麻在今日的名聲可能有點可疑，但它的故事相當複雜。人類自六世紀以來為取其纖維而種植麻，在不列顛群島曾經非常普遍——尤其是在劍橋郡和諾福克等沼澤地區——植物學家尼可拉斯‧卡爾佩珀甚至根本懶得在他一六五二年出版的《草藥大全》（*The Complete Herbal*）中描述它；他無法想像竟有人不知道它的長相。

　　麻料的流行始自中世紀，在維多利亞時代和人類尋求天然再生纖維的現代再次興起。如今，大麻皂、臉部相關產品、油都是常見的產品，甚至還買得到大麻營養補充劑。直到一八○○年代後期，百分之九十的紙都還是麻做的；甚至美國《獨立宣言》的早期草稿很可能也是寫在麻纖維紙上。它也是維多利亞風格花園的常見植物，被大力推薦作為花園邊界的背景植物，因為以小型植物來說，它的生長速度快，型態又密集。大麻的種植如此廣泛，從種植園裡溜出來的植株也能在野外生長；它在美國茂密地生長，甚至被歸類為入侵性植物，並被稱為水溝草。

　　湯瑪斯‧塔瑟（Thomas Tusser）在一五五七年寫的長詩〈農牧要點一百〉（*A Hundred Points of Good Husbandry*）中有一段點名了這種植物的

某些常見用途：

> 妻子，摘下麻種子，洗淨，
>
> 這個看起來較黃，另一個看起來較綠；
>
> 用這個紡紗，另一個給蜜雪兒，
>
> 用於鞋帶和吊帶，用於繩索和其他。

麻纖維最著名的用途之一是製作絞刑用的繩索。它與這個目的的關聯如此密切，甚至成為絞刑架的象徵，在英國的薩默塞特地區（Somerset）被稱為頸草或絞刑草。在劍橋的沼澤區，如果一個人打破了永不背叛同胞的規矩，憤怒的鄰居可能會在他的大門畫上麻和柳樹椿，並寫著：「這兩樣都是為你而種。」大麻讓他自盡，柳樹椿則在埋葬時穿過他的心。[85]

死後用木椿穿過心臟的習俗是劍橋和諾福克地區的特有風俗，它們都在英格蘭東部的沼澤地區。木椿穿心是對付吸血鬼的著名方式，但這些地區也用同樣手法懲罰殺人犯。他們會被埋葬在邪惡的十字路口，木椿阻止他們不安息的靈魂再度回來擾亂生者。諾福克郡哈

85　伊妮德・波特，《劍橋郡風俗與民間傳統》（*Synopsis Stirpium Hibernicarum*）。

勒斯頓鎮（Harleston）附近有一片名為「勒許灌木」（Lush's Bush）的著名地區；那裡有一棵柳樹據說是從穿過當地殺人犯勒許心臟的柳木椿上長出來的。雖然這棵樹在一八〇〇年代被砍倒，但該地區成為幾名罪犯的埋葬地點，在當地的鬼故事中占有重要篇幅。

如今，大麻（C. sativa）以作為消遣性藥物而聞名。「麻」（hemp）這個字多半用於作為經濟作物而種植的大麻，只含有極少量的四氫大麻酚（THC），也就是引起大麻中毒的化學物質；「大麻」（cannabis）則是指專門為娛樂市場種植的大麻。然而，嚴格說來，它們仍然是同一種植物。

但這種區別是現代才有的，從歷史上看，為紡織和建築材料種植的大麻同樣具有毒性，歷史上也沒忽視 THC 的效果。大麻有很長的使用歷史，可以追溯到至少五千年前，並出現在西元前二七二七年中國炎帝神農的著作裡。二〇一九年，中國西部帕米爾山脈裡吉爾贊喀勒（Jirzankal）墓地的墳墓中發現了大麻的痕跡，至少有兩千五百年的歷史。大麻被發現於用來盛裝大麻葉和熱石的木製火盆中，在埋葬儀式期間燒出煙霧充斥整個空間。

這種用法類似於斯基泰人，希羅多德（Herodotus）在西元前四三〇年的《歷史》（Histories）中記載，斯基泰人在葬禮之後，會在特別密封的帳篷內部進行蒸氣浴。蒸氣浴進行時，他們將大麻種子扔在燒熱的石頭上，製造出具有芳香的蒸氣。

如同大多數農村常見以及儀式必備的植物，大麻在種植和使用它的地區成為各種民間故事和傳統的重點。許多故事著眼於大麻的種植規則：在英國，年輕女性按照習俗不准在大麻田裡工作，因為人們認為光是女性的觸摸就會使它們變得無法繁衍。然而在印度，《阿闥婆吠陀經》（Atharva Veda）說它是具有保護能力的植物——這種「具有千眼」的植物是因陀羅創造的，能夠驅除疾病並殺死所有怪物。

與大麻有關的另一個英國信仰，形成了最有名的愛情占卜儀式，從一六八五年開始有規律的紀錄，少有或甚至幾乎沒有變化；它也是這類真愛測試中比較恐怖的。大麻種子儀式的要求是女孩必須在仲夏夜造訪墓地，向身後扔一把大麻籽，同時不回頭看。在這麼做的同時，她還必須唸誦：

大麻籽我種下，大麻籽快快長；
凡將成我真愛者，隨我來，速現身。[86]

唸完後，少女必須趕緊離開現場。如果她夠勇敢地回頭看，將會看到愛人的靈魂化身手持鐮刀追趕自己。若她注定永遠不會結婚，那麼追趕她的會是一副空棺材，或正在敲響的鐘。至於她無法跑得比這些幻影快時又如何，歷史上倒沒有紀錄。

中國與麻有關的傳說，推測了當人類遇到仙女時可能會發生的事。這個故事可以追溯到西元六〇年。兩個朋友在山上遊覽時遇到一座仙人橋。大橋及鄰近的花園由兩位美人照料，並邀請他們過橋，在橋對面的繁華城市裡抽大麻。兩人和美人們共度幾天幸福的日子之後開始想家並決定離開。然而，當他們回到橋這一頭時，發現已經過了七個世代的時間，他們也成了老人。由於如此衰老的身體無法活在凡間，兩人隨即化作塵埃消失無蹤。

---

86 查爾斯・亨利・普爾（Charles Henry Poole），《薩默塞特郡的風俗、迷信和傳說》（*The Customs, Superstitions, and Legends of the County of Somerset*）。

HENBANE, BLACK
Hoscamus niger
莨菪

人酒杯盛著吶喊的毒液

向無眼之人乾杯：

旋轉地板上的花朵

莨菪和黑嚏根：

美人，剪掉了秀髮，

如天生的瘋子般尖叫：

醜陋的蹄子和角

一路翻滾、一路狂囂。

——喬治・梅雷迪思（George Meredith），

〈威斯特曼樹林〉（*The Woods of Westermain*）

　　這個茄科植物的名聲很臭。希臘傳奇和西方戲劇中都將它深度描寫成萬惡的物種，曾被稱為「具毒性且危險的植物，有陰鬱的外表和難聞的氣味」。[87]淡黃綠色的花朵上有紫色的脈絡，黑色的花心使它被冠上惡魔之眼的綽號，看起來就像它的名聲暗示的那樣可疑。

　　莨菪的英文「毒雞草」（henbane）聽起來就像民間俗名，和毒犬草及毒狼草有異曲同工之妙，但並不是指它專門用來毒雞。據信雞（hen）這個字原本來自「死亡」（death）的早期字源。這個名字至少可以追溯到西元

87　理查・布魯克（Richard Brook），《一八五四年新植物學百科和草本全書》（*New Cyclopaedia of Botany and Complete Book of Herbs, 1854*）。

一二六五年，並不容易肯定正確的字源，但幸運的是，它還有許多其他名稱可以用來識別。早期的撒克遜名字是「belene」，來自「bhelena」，意思是「瘋狂的植物」。[88]它在八世紀的義大利被稱為「symphonica」，以長相相似的樂器命名，該樂器是一根小棍子，通常是銀製的，與鈴鐺掛在一起。[89]

奇怪的是，它也有「馬神」（deus caballinus）這個名字，據說可以追溯到十三世紀。然而，唯一真正有關這個名字的早期參考是一本由皮耶特羅‧卡斯特里（Pietro Castelli）在一六三八年出版的小冊子。那一年，卡斯特里創立了一座毗鄰城牆的植物園供墨西拿大學之用。為了宣傳此植物園，卡斯特里出版了《墨西拿植物園》（*Hortus Messanensis*），對植物園裡的植物做了詳細的介紹和藥用價值。不巧的是，手冊中卻未記錄「馬神」這個怪名字的起源和命名原因。

這種植物也被稱為豬豆。法國名「Jusquiame」和拉丁學名「Hyoscamus」都源自希臘語「hyos」和「cyamus」，字面意思是「豬的豆」，因為據說豬隻食用後並不會產生不良後果。

雖然豬可以毫髮無傷地吃莨菪，人類卻不幸地容易受到植物毒素的影響。植株全部含有東莨菪鹼和莨菪鹼，能引起幻覺和躁動。較大的劑量則會導致抽搐、嘔吐、胡言亂語、呼吸麻痺、昏迷和死亡。

使用較小劑量時，莨菪常被歐洲女巫用來達到「飛往」女巫魔宴的幻覺效果。據報導，它也幫助德爾菲神諭（Oracle of Delphi）看見預言的幻象。一九五五年，德國毒理學家威爾－厄利希‧潘克特（Will-Erich Penckert）博士自體實驗了莨菪種子燒出的煙霧，以便更確切地報告它們的效果。下

---

88 亨利‧所羅門‧威康（Henry Solomon Wellcome），《盎格魯－撒克遜醫術：早期英國歷史中的藥物：講座紀錄》（*Anglo-Saxon Leechcraft: An Historical Sketch of Early English Medicine; Lecture Memoranda*）。
89 薩爾瓦多‧德‧蘭齊（Salvatore de Renzi），《薩勒諾選集》（*Collectio Salernitana*）：由喬治‧寇納（George Corner）翻譯，載於《十二世紀薩勒諾的醫學興起》（*The Rise of Medicine at Salerno in the Twelfth Century*）。

面是他的筆記摘錄：

我走到鏡子前，還能看出是我自己的臉，但是比平時暗淡。我感覺我的頭變大了：似乎變得更寬、更堅固……鏡子本身像是在搖晃，我覺得很難將臉孔保持在鏡框內。眼珠的黑色瞳孔無限放大，像是占據了整顆虹膜，而我的虹膜通常是藍色的，現在變成了黑色。雖然瞳孔擴大了，我卻無法比平常看得更清楚；正好相反，物體的輪廓全是模糊的。

有一些動物用扭曲的臉孔逼視我，眼睛充滿驚恐；還有可怕的石頭和繚繞的霧氣，向同一個方向席捲。我無法抗拒，一起被捲進去。……我墜入猛烈的醉酒狀態，在女巫的瘋狂大鍋裡一起攪和。我頭頂上流著水，深色和血紅色的。天空充滿成群的動物。流質，沒有實體的生物從黑暗中出現。我聽見講話，內容都是錯誤和荒謬的，可是對我來說有一些隱藏的意義。

除了預言和飛行，莨菪最受人矚目的能力是讓人發瘋。巴索洛馬厄斯·安格利葛斯（Bartholomaeus Anglicus）於一二四〇年在他的《萬物屬性》（*De Proprietatibus Rerum*）中寫道：「這種藥草叫做瘋人木（insana wood），因為使用它是危險的；吃下或喝下它就會生出瘋狂（woodeness）；因此這種藥草通常被稱為莫里林迪（Morilindi），因為它會帶走智慧和理智。」「Woodeness」來自古英語裡的 wod，意思是「瘋狂」或「憤怒」，出自沃登神（Woden）——也就是今日的奧丁（Odin），以暴怒著稱的神。這種植物的另一個名字是「alterculum」，由羅馬人使用，表示使用它的人會生氣，愛好爭吵。

儘管大劑量使用有其危險，但莨菪的毒性並不總是致命。事實上，早期的醫者在更可靠的替代品出現之前，將難以預料的莨菪用作麻醉劑。傑

拉德在他的《大草藥典》中指出了這一點：「當內服葉子、種子和汁液時會導致睡眠不安穩，有如酒醉後的睡眠，這種昏醉狀態會持續很長時間，對病人來說是致命的。」

　　這種植物的催眠效果也被用於可疑的行為。在一三○○年代，法國旅行者和朝聖者會在飲料或膳食中摻入壓碎的莨菪、毒麥、罌粟和瀉根的種子。一旦他們陷入沉睡，竊賊便開始覬覦他們的財物。[90]

　　莨菪令人昏醉的特性也使它成為受歡迎的廉價啤酒添加物之一。如同毒麥，莨菪的汁液被添加到摻了水的啤酒中裡產生醉酒的感覺，但是成本比售價少了許多。然而，一五一六年通過的巴伐利亞純度法禁止啤酒含有啤酒花、大麥和水（以及後來的酵母）以外的任何成分，添加莨菪的做法於焉結束。

　　由於莨菪有毒的性質，它和歐洲各地的葬禮形成錯綜複雜的關聯。普魯塔克（Plutarch）描述希臘墳墓用莨菪花環裝飾，當死者沿著冥河進入冥界時便戴著這些花冠。如此一來，莨菪會讓他們忘記陽世的親人和死前的生活，而不會渴望回到陽界。這個傳統並非希臘獨有。蘇格蘭新石器時代的墓地裡也發現莨菪痕跡，研究人員猜測它也被用來幫助引領靈魂前進。

　　一二○○年代初的主教阿爾伯圖斯・馬格努斯（Albertus Magnus）懷疑莨菪賦予死靈法師控制死者的力量，聲稱燃燒它會喚起不安的靈魂和惡魔。它還擁有驅邪的力量：人們在義大利的仲夏節裡焚燒莨菪熏蒸馬厩和畜欄，防止邪惡作祟殃及馬匹和牛隻。

90　約翰・阿德恩（John Arderne），《肛門瘻管病論》（Treatises of Fistula in Ano）。

HYDRANGEA
Hydrangea spp.
繡球花

這些葉子就像油漆罐裡

最後的綠色——乾枯、暗淡、粗糙，

襯在藍色繖形花序後方

那種藍色不是花朵本身，只是遠方的鏡像。

在它們的鏡子裡，花朵模糊不清，淚痕累累，

彷彿在內心深處，它們希望幽影消失；

而且如藍色信紙一般

泛著黃色、紫色和灰。

——萊納・瑪利亞・里爾克（Rainer Maria Rilke），

〈藍色繡球花〉（*Blue Hydrangea*）

繡球花是受歡迎的花園灌木，以不斷變化顏色的特性而聞名：
變色與否取決於它們生長的土壤酸度，碩大的花頭可以變成藍色
或粉紅色，甚至（配合聰明的園藝技巧）一次開出兩種顏色。

富含鋁的酸性土壤會產生藍色花，石灰重的土壤產生粉紅
色。花朵會變色的「魔力」據稱是精靈的禮物，他們會心血
來潮改變顏色；傳說藍色是最幸運的顏色，粉紅色是厄運即將到
來的警告。

儘管繡球花很受歡迎，實際上卻含有低劑量的氰化物，劑量夠大時會引起噁心、嘔吐和出汗。幸運的是，它含有的濃度不足以對大多數園丁構成威脅。

在維多利亞時代的花語中，它代表「無情」。在家門口種繡球花，會注定住戶的女兒永遠不會結婚，維多利亞時代的男人送繡球花給拒絕他們的女性，也許是希望帶給她們同樣的詛咒。

IVY
Hedera helix
常春藤

常春藤溫柔而和順，

面對邪惡，她堅持良善；

得到她的亦受祝福

來吧，妳應被加冕。

常春藤果實深黑，上帝賜我們以福澤。

故我們不缺任何物事，

來吧，妳應被加冕。

──中世紀頌歌，一四三○年，〈基督致最細緻的女士一首甜蜜的歌〉

（*A Song of Great Sweetness from Christ to his Daintiest Dam*）

常春藤也許可以說是歐洲的典型植物。它是熟練又有決心的攀緣植物，可以在任何能幫它接觸到陽光的粗糙表面上茁壯生長，在某些地方，幾乎很難找到不被這種藤蔓的重量壓住的牆、樹或圍欄。它使人想起聖誕節、墓地和古老的林地，會損害它的宿主，扼死樹木，用來攀爬的細根可以擠破磚塊和石頭。諷刺的是，在古老的建築上，它可能是唯一還能將磚塊拉在一起的物體。然而，它是維持健康的小型野生動物生態圈的最重要植物之一；它為鳥類和瀕危蝙蝠物種提供保護，供應食物給數以千計的昆蟲和飛蛾。

　　長春藤原產於北歐和南亞的一些地區，後來被英國殖民者引進北美和澳洲，在許多國家仍被稱為英國常春藤。它在英格蘭也被稱為捆樹草（bindwood）和愛石頭草（lovestone），因為它貪婪地攀爬並吞沒任何擋住它的物體。

　　常春藤的主要目的是吸收最多的陽光，所以它常見於開放空間中、有大片能夠支撐它的溫暖表面。因此，它生長得最好的地方之一是墓地和橫掛在古老的墓碑上，並和死亡以及有限的人類壽命產生連結，一直延續到現在。一個古老的英國說法是，墳墓上沒有常春藤就表示靈魂不曾安息；但如果墳墓屬於年輕女子，並長滿常春藤，就意味她死於一顆破碎的心。

　　愛、死亡和常春藤之間的聯繫，最好的寫照是中世紀傳說中的崔斯坦和伊索德（Tristan and Isolde），這兩位戀人活著的時候不能在一起，死後也分開埋葬；但常春藤長在兩座墳墓之間，確保他們永遠保持聯繫。無論人們如何嘗試剪斷或移除常春藤，它們最後總是重新長在一起。

　　如同大多數與死亡有關的植物，人們普遍相信將常春藤帶進屋子裡是不吉利的。這個想法同樣也起源於英格蘭[91]，根據紀錄，該迷信甚至遠遠傳

91　伊妮德·波特，《芬斯地區的幾個民間信仰》（*Some folk beliefs of the Fens*），《民俗學誌》第六十九卷（*Folklore*；Vol 69）

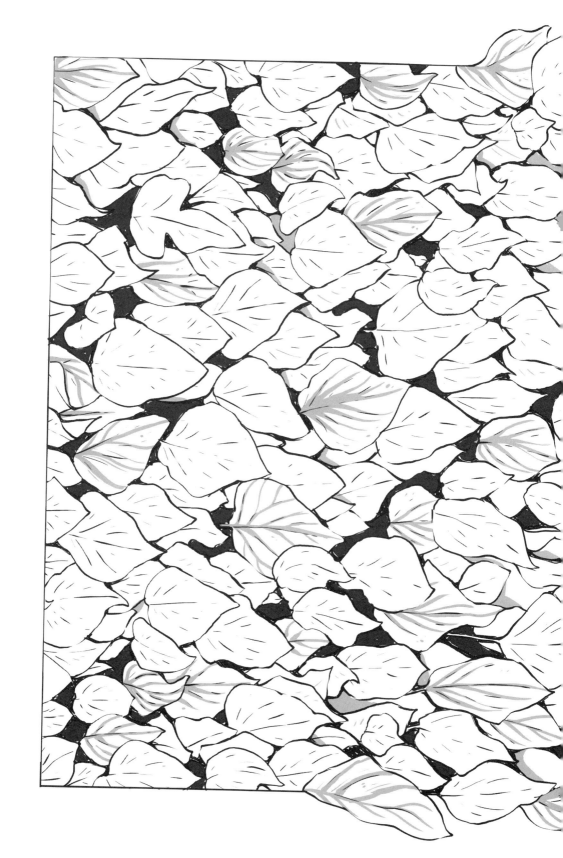

播到美國的阿拉巴馬州和麻薩諸塞州。[92]在鄰近的緬因州，據說將常春藤帶進屋裡會害房主永遠貧窮。[93]然而，一年中有某個時節把常春藤帶進屋子裡是幸運的：聖誕節，只要它在聖燭節（二月二日）之前離開屋子就無妨。由於房子外面的土地寒冷不宜人居，甚至對住在大自然裡的精靈也不例外，因此將常春藤帶入室內便等於邀請戶外流離失所的生物進屋避寒。但是它們在神聖的十二月裡沒有力量造成傷害（這無疑是基督教會的附加條款，方便將早期民間傳說吸收進教會年曆裡），所以這個月是提供庇護的安全時間，討它們歡喜。

這種流傳許久的迷信也同樣反映在芬蘭；在那裡，森林中的精靈仍然是許多古老傳說的關鍵。森林魔法的概念存在於全球的神話中，在芬蘭被稱為「森林之毯」（metsänpeitto），用來解釋因為不明原因失蹤的人或家畜。

森林覆蓋了芬蘭大約百分之七十八的面積，許多古老的芬蘭說法將森林比作教堂；是一個神聖的地方，不容低估或不當對待。「森林會以同樣方式回應對它咆哮的人」（Niinmetsävastaaa, kuin sinnehuudetaan）。不好好對待森林，或者在不該去的地方徘徊的人，就會有「被森林覆蓋」的風險。類

---

92 雷‧布朗（Ray Browne），《阿拉巴馬州流行的信仰和活動》（*Popular Beliefs and Practices from Alabama*）。

93 范妮‧卑爾根（Fanny Bergen），《從英語民間口述傳統收集的現有迷信》（*Current superstitions collected from the oral tradition of English speaking folk*），刊於《美國民俗學會，第四卷紀錄》（*American Folklore Society; Memoirs. Vol 4*）。

似不列顛群島的精靈迷惑踏入蘑菇圈或仙山的人，森林裡到處都是眾所周知的淘氣生物「小矮人」（maahinens），他們會迷走粗心者。那些聲稱曾「受到迷惑而迷失」（metsänpeitto）的人說，當時無法認出自己原本應該很熟悉的地區；或是周圍其他人看不見他們，或無法移動或說話。在我們所知的大多數紀錄中，受害者說當時森林一片死寂。

「森林之毯」的描述和概念類似日本的「隱」概念（字面意思是「被鬼怪隱藏起來」），意為「鬼怪驅散」。在芬蘭和日本這兩個情況下，脫身方法是做一些令鬼怪困惑的事情，比如往腳印裡倒水，內外反穿衣服，將鞋子換腳穿，或攜帶具保護力的植物，例如常春藤。

雖說常春藤可以保護在森林中迷路的人，但它說到底仍然是有毒植物。英國常春藤的葉子和果實含有常春藤甙，可引起嘔吐、抽搐和肌肉無力。

它的葉片也具有麻醉作用，類似阿托品；雖然有毒性，卻也出乎意料地被添加在酒精飲料裡。英國牛津大學的學生至今仍維持一項有趣的傳統：每年的耶穌升天節（復活節後三十九天）上午十一點，連接青銅鼻學院（Brasenose）和鄰近林肯學院（Lincoln College）之間的小隧道會解鎖，允許青銅鼻學院學生進入林肯酒吧免費飲用一品脫添加了常春藤葉片的麥酒。這個傳統的起源是典型的都市傳說；並沒有名字或日期來證實它的起源，而且有好幾種不同的說法，但每個描述它的人都會堅持自己的版本是真實的。我們所知最好的說法是，一七〇〇年代就已經有「常春藤啤酒」傳統的紀錄。

據說有一天，一名青銅鼻學院學生被憤怒的暴徒追趕。一些版本聲稱該暴徒是一群當地的市民——牛津學生以讓當地人反感而著稱——其他人則說追兵是競爭對手貝利奧爾（Balliol）學院的學生。無論那位倒楣的學生想擺脫的是誰，總之他跑上了通往林肯學院的路，並懇求學院允許他進

入。學院拒絕了他的請求，這名學生便不幸被暴徒捉到並殺害了。在往後的幾年裡，林肯學院為了表示對這樁不幸事件的歉意，允許青銅鼻學生每年進來一次，免費飲用他們的啤酒。然而，這樣一來成本開始高築（而且庫存年年被喝光也十分不便），所以林肯學院開始在麥酒裡添加壓碎的常春藤葉，希望苦澀的味道和胃痛會阻止青銅鼻學生的牛飲。這個伎倆多半沒發生預期效果，因為這項傳統到今天仍然持續著。不過，在酒精中加入常春藤可以追溯到比大學生和憤怒的暴徒更久遠的歷史：比如希臘人……和憤怒的暴徒。

常春藤對希臘葡萄酒和農業神祇戴奧尼索斯（Dionysus）來說是神聖的。戴奧尼索斯又稱巴克斯（Bacchus），他的女性追隨者被稱為梅納德（maenads）——「胡言亂語者」；在禮敬酒神時會喝酒和咀嚼常春藤葉讓自己陷入瘋狂狀態。她們身穿蛇皮和狐皮，在鄉野間橫衝直撞，攻擊動物和人類，並空手將他們肢解。這個特別嗜血的邪教教派引發了對酒神狂歡儀式的鎮壓，並在西元前一八四年開始了大獵女巫的行動，導致近兩千名婦女因被控投毒而遭到審判和處決。

據說巴克斯本人在嬰兒時期被遺棄在常春藤叢下，後來該長春藤叢便以他的名字命名。他戴著由常春藤果實做成的王冠，追隨者則戴上常春藤葉的花環和相同圖案的紋身。[94]因此，常春藤花環和酒精及飲酒有了關聯，任何提供啤酒或葡萄酒的酒吧都會在門外柱子上掛常春藤花圈，昭示店裡供應酒類。一句古老的諺語——好酒不需常春藤——便源於這種做法，表示任何以好酒聞名的地方都不需要刻意宣傳。

---

94 華特・奧圖（Walter Otto），《戴奧尼索斯：神話和邪教》（*Dionysus: Myth and Cult*）。

LILY OF THE VALLY
Convallaria majalis
鈴蘭

花朵芬芳隨著春風吹拂，

花瓣顏色與芙蘿拉的旗幟融為一體，

甜美的鈴蘭，何種香氣，何種外觀，

在有品味的眼中能與你相提並論？

但我會從卑微的花床上擎起妳，妳的花朵自陰影中升起，

早晨的寶石！環繞著奧瑞莉亞的頭

戴著妳的花環，感謝妳的犧牲。

──Ｇ・Ｇ・李察森（G. G. Richardson），

〈一籃鈴蘭〉（*A Basket of Lilies*）

鈴蘭是非常受歡迎的花園植物，許多人讚賞它甜美的香味和小巧的白色鐘形花朵，是春天最早開花的植物之一。在維多利亞時代的花語中，它代表和平、幸福與和諧，並被基督教會獻給聖母瑪利亞；法國人稱它為「聖母的眼淚」（Larmes de Sainte Marie）。據說種在黃精（英文通名「所羅門王的印章」）附近長得最好，人稱黃精為鈴蘭的丈夫。這種想法很可能是由於舊約裡所羅門王的《雅歌》中提到了鈴蘭：

她：
我是沙崙的玫瑰，
山谷的百合。

他：
如荊棘叢中的百合
年輕女性中的吾愛。

雖然鈴蘭的外表美麗純潔，但植物全株含有劇毒，特別是在開花季節之後結的紅色果實。即使是攝入少量，也會引起嘔吐、心跳減慢、視力模糊和腹痛。

縱使它有毒性，卻始終因為預設的藥用價值出現在民間醫學和歷史文獻中。早期的偽科學「形象學說」聲稱植物可以治療與它們形似的身體部位，鈴蘭的心形種子在俄羅斯便被用於治療心臟病，雖然並沒有證據確認其效果。草藥師約翰·傑拉德的《大草藥典》是一六○○年代植物及其用途的首選百科全書，書中甚至宣稱這種植物「毫無疑問，能增強大腦並修復衰弱的記憶力」。然而，傑拉德除了以《大草藥典》聞名之外，還以捏造大量書中內容出名，沒有證據證明他對鈴蘭療效的宣稱有多少參考價值。

鈴蘭花在醫藥領域可能經過證明的唯一用處是對抗中風和神經紊亂。「黃金水」（Agua Aurea）是從此植物中蒸餾出來的，被認為能有效對抗中風而且極其珍貴，甚至還保存在金銀器皿中。它也在第一次和第二次世界大戰中作為毒氣的解毒劑，因為它能夠減緩心跳的速度。如今，我們已經有很多更安全的選擇了，所以鈴蘭在現代並沒有藥用價值。

　　鈴蘭精緻的外觀和它的有毒特質形成對比，使它在發源地歐洲成為民間故事的最愛。它和其他白花植物如雪花蓮和白丁香都被認為是死亡或厄運的兆頭。在英國的德文郡，人們相信它在一年之內會給種植它的人帶來死亡；而在薩默塞特郡，如果將它帶進屋子裡，死亡也會順帶降臨，特別是對於住在屋子裡的年輕女孩。當地稱為〈一籃鈴蘭〉的民間傳說描述某個女人熱愛這種植物，派她的女兒出門摘鈴蘭並帶回家。每個人都警告她會有危險，她卻不以為意，終致女兒病死的下場。

　　另外兩個故事講述了鈴蘭的來歷，以及它為何在一年的該時節開花。英格蘭蘇塞克斯傳說聖倫納德（Saint Leonard）和一頭在該地區作亂的巨龍戰鬥好幾回合。每場戰鬥都將龍逼往更深的森林裡，直到龍消失無蹤。每年，戰鬥地點出現大量的鈴蘭花，生長在聖倫納德的鮮血滴下的地方。

　　另一個傳說有點苦樂參半。它說鈴蘭曾經一年四季都開花，有一天，它愛上了一隻優美歌聲日復一日縈繞林間的夜鶯。但無論鈴蘭有多愛夜鶯，卻羞於表白她的愛；當冬天來臨時，夜鶯離開了森林和鈴蘭。心碎的鈴蘭不再開花，只在每年五月夜鶯歸來時才展示她的花朵。

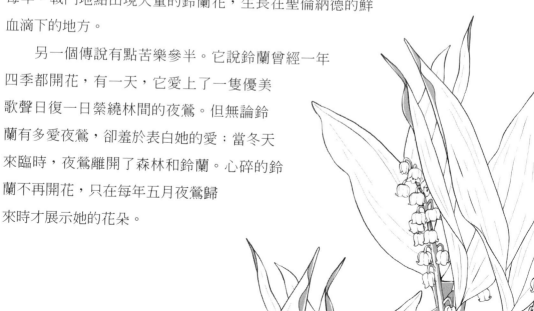

MANCHINEEL

Hippomane mancinella

毒蘋果

他們說，你溫和的香氣能帶來致命的幸福

短短一瞬，它把人帶進天堂

然後陷入無止境的沉睡。

——賈可莫・梅耶貝爾（Giacomo Meyerbeer），

〈非洲女郎〉（*L'Africaine*）

　　毒蘋果又叫毒番石榴，是原生於佛羅里達的樹，在二〇一一年獲得世界最危險樹種的金氏世界紀錄。它絕大部分的危險來自於無害的外觀；在未經訓練的人眼中看來，它只是結滿甜美青蘋果的果樹。

　　這些長在海灘邊的
蘋果汁液「非常甜美」，類似
李子（根據放射科醫生妮可拉・史崔
克蘭〔Nicola Strickland〕吃下一顆之後的
紀錄），卻可能導致喉嚨腫脹閉合，阻礙呼
吸並死亡。約翰・贊恩（Johann Zahn）如此描述它們：

　　伊斯帕紐拉島（Hispaniola）上有一棵樹，樹上結著香氣撲鼻的蘋
　　果；如果嚐了，就會造成傷害並且致命。如果有人在它的陰影下逗留，
　　將失去視力和理智，就連長時間的睡眠也無法拯救和治癒。[95]

　　它的拉丁學名「mancinella」便是指這些果實，出自西班牙文「小蘋
果」（manzanilla），但西班牙征服者給它取了另一個名字──「死亡之樹」
（arbol de lamuerte）。雖然毒蘋果真正致死（至少是意外地）的案例很少
見，但它帶給征服者巨大的痛苦，令人稍微可以了解如此戲劇化的誇張稱
呼。它屬於大戟科，這個家族的成員會分泌腐蝕性乳狀汁液，造成灼傷和

95　約翰・贊恩（Johann Zahn），《數學及自然史概要》（*Speculae Physico-Mathematico-Historica Notabilium ac Mirabilium Sciendorum*）。

皮膚損傷。毒蘋果樹身裡的汁液濃縮度很高，只要擦過樹皮就能引起水泡；下雨的時候，即使是從樹葉和樹枝上滴下來的水也會導致失明，甚至會使停在樹下的汽車烤漆脫落。

　　據說著名探險家胡安・龐塞・德萊昂於一五二一年第二次前往佛羅里達時就是被毒蘋果樹毒死的。卡魯薩（Calusa）人是居住在佛羅里達西南部的土著部落，德萊昂和他的手下遭受卡魯薩人多次襲擊，後者將箭頭浸在毒蘋果樹的乳膠中，將被俘虜的敵人綁在它的樹幹上，用樹葉和樹皮毒害敵人的井。西班牙人對這種樹的黑暗力量感到非常氣餒，甚至在探險報告中聲稱就連坐在或走在它下面都會失明或死亡。[96]

MANDRAKE
Mandragora officinarum / M.autumnalis
毒茄蔘／秋茄蔘

如幽靈的形體——哦，別碰它們——
震驚少女的視線，
毒茄蔘肉質的莖裡潛伏著
晚上採摘時的尖嚎。

——湯瑪斯・摩爾（**Thomas Moore**），〈無題〉（***Untitled***）

　　在討論植物及其魔法、毒性，或歷史上的用途時，毒茄蔘是最可能

96　保羅・史丹利（Paul Standley）和朱利安・史戴爾馬克（Julian Steyermark），《瓜地馬拉植物群》（*Flora of Guatemala*）。

被提到的常見嫌疑犯。它的有名在於分叉的人形根和彷彿來自異世界的尖叫，長久以來被視為強有力的毒藥和鎮靜劑，數世紀以來，無數離奇的故事和魔力始終緊扣著人們的想像力。

如同莨菪、顛茄和大花曼陀羅，毒茄蔘也是茄科的一員。它最初的拉丁學名是「*Atropa mandragora*」，取自希臘命運三女神中最年長的阿特羅波斯。希臘人稱之為「Circeium」，以巫術和毒藥草女神喀耳刻命名。如今，它的拉丁文學名是「*Mandragora officinalis*」。「Mandragora」來自於深色皮膚的壞心腸同名生物（意思是「人龍」），人們認為該生物附身在毒茄蔘上。許多具有藥用價值的植物拉丁文都有特別的描述字「officinalis」，中世紀拉丁文用它來表示藥用植物。它的字面意思是「屬於藥庫」，也就是修道院中的藥物儲藏室。

在毒茄蔘的非原生國家裡，歷史上會將其他相似的植物與之混淆，混淆重點通常是根的尺寸或形狀上。在不列顛群島，如瀉根（黑色和白色皆有）、白星海芋、魔法茄都曾在不同地方被稱為毒茄蔘，並在許多傳說裡與真正的毒茄蔘相混淆。

所有真正的茄蔘屬植物都含有莨菪生物鹼，能引起幻覺，損害神經系統並產生頭暈、嘔吐和心跳加快的後果。除了這些作用之外，它的根還具有麻醉效果，因此在早期被作為麻醉劑。海綿先浸泡在麻醉植物如莨菪、毒蔘和毒茄蔘汁液中，風乾，之後再用熱水加濕，讓病患吸入之後昏迷。

除了醫學領域之外，毒茄蔘的催眠特性已經不止一次用於戰爭。關於羅馬最高統帥的傳說是偉大的漢尼拔將軍（Hannibal），在某些版本裡是他麾下的軍官馬哈巴爾（Maharbal），利用毒茄蔘的根在迦太基附近迷昏非洲反抗軍。漢尼拔知道如果自己的軍隊假裝撤退，反抗軍便會占領他們的營地，因此他在軍隊庫存的酒裡加了毒茄蔘的根，然後假裝在匆忙之間放棄營地。反抗軍來了之後以為自己打了勝仗，便大肆喝酒慶祝——讓漢

尼拔和部隊有機會回頭屠殺或俘虜中了毒之後昏昏欲睡的敵軍。[97]第二個故事的情節非常類似，是凱撒（Caesar）和一群俘虜他的西里西亞（Cilicia）海盜。

歷史紀錄中，毒茄蔘也被個人當作安眠藥。根據一份十二世紀的手稿描述，將根部表皮磨成的粉與蛋白混合，塗抹在額頭改善睡眠[98]，這個方法可能一直持續到莎士比亞時代，如莎劇《安東尼和克麗奧佩托拉》中，埃及豔后在安東尼遠行的時候向女僕索取「人龍草」，幫助她入睡。

除了歷史用途之外，最歷久不衰的毒茄蔘故事往往是最奇幻的。這種植物具有不可否認的怪異，一直是許多當代作家的主題。而且早在這些故事出現之前，凡是有它生長的國家，便有縈繞不去的迷信。許多書籍和草藥典會告訴你它是魔鬼的植物，恣意生長在絞刑架下、殺人犯、自殺者和女巫被絞死並埋葬的十字路口。有些人甚至聲稱它的根能一直向下長到冥界，若是不小心，你可能會在拔出植株後摔進地獄。

當然，最著名的是酷似人形的根。這些根會自然分裂和分叉，特別是在毒茄蔘偏好的多石土壤中，當植物被連根拔起時看起來就像（再加上相當程度的想像）小尺寸、扭曲的類人生物。在早期迪奧斯科里德斯的著作中，他詳細地談到男性毒茄蔘和女性毒茄蔘；我們現在知道他指的是兩個不同的物種，毒茄蔘（*M. officinalis*，雄性）和秋茄蔘（*M. autumnalis*，雌性），但這些早期錯誤訊息的來源只會讓迷信越燒越旺。

跨越整個歐洲和中東，有各種故事描述這些小人形和其中的力量。用

---

97 賽克斯圖斯・朱里宇斯・佛朗斯提努斯（Sextus Julius Frontinus），《兵法》（*The Stratagems*）。
98 缺
99 查爾斯・史基納（Charles Skinner），《花、樹、果、植物的神話和傳說》（*Myths and Legends of Flowers, Trees, Fruits and Plants*）。
100 H・F・克拉克（H. F. Clark），《惡魔毒茄蔘》（*The Mandrake Fiend*），《民俗雜誌》第七十三期。
101 詹姆斯・弗雷澤（James Frazer），《賈可布和毒茄蔘》（*Jacob and the Mandrakes*）。

棉布包起由部分或整個根部製成的護身符並且隨身佩戴，據說能帶來好運，而且購買這種護身符等同於簽合約：根具有的靈將和護身符主人綁在一起，直到兩者同時死去。因此，永遠不能將毒茄蔘護身符送給別人；如果要轉讓，也只能是有價賣出而不是贈送，而且售價必須低於購買時的原價。[99]

另有人認為使它特別的原因不只是似人的形狀：它的根其實就是一個小人，通常稱為曼德拉果拉（mandragora，即前文提到的「人龍」）。德國人用「alruna」這個字表示「女巫」和「毒茄蔘」，並相信女巫可以利用根部造出叫做「alraun」的生物。[100]這種惡靈可以揭示祕密、消滅敵人、並加倍返還它收到的任何錢幣，但是有一個警告：如果你讓它過度勞累，就會死亡。[101]法國有類似的迷信：毒茄蔘生長在裹著槲寄生的橡樹腳下，樹上的槲寄生有多高，毒茄蔘的根就有多深。發現它的人必須每天餵它肉或麵包，如果中斷，曼德拉果拉就會殺了他。然而，此人的服務並不會被忽視，無論他給毒茄蔘任何東西，都會在第二天雙倍回報。

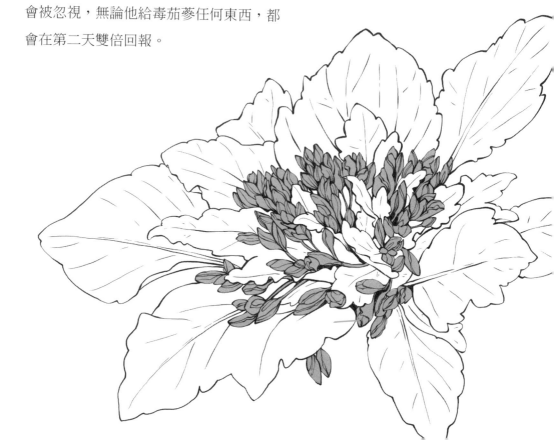

曼德拉果拉的有趣變種是由史蒂芬妮·費利希特（Stéphanie Félicité）記錄的：她是一位十八世紀的作家，暱稱為德讓利斯夫人（Madame de Genlis）。她說曼德拉果拉是一種靈，降生於以特定方式孵化的蛋，看起來像半雛雞半人的小怪物。這種生物必須祕密飼養，並用甘松的種子餵食；為了回報飼養者，它每天都會提供一則關於未來的預言。

另一個和根有關而且持續流傳的傳說是它被挖出土壤時會發出尖叫聲，叫聲尖銳到能立刻殺死挖出它的人，這個傳說不斷在歷史上的草藥典、戲劇和現代文學中重複出現。對於那些仍然決心挖掘毒茄蔘的人，避免猝死問題的常用對策就是用繩子綁住它，然後將繩子另一端綁在一條狗身上。這樣做是希望拉出毒茄蔘的是狗而不是人，死亡便會降臨在狗身上。

事實是，如同大多數塊莖植物，毒茄蔘的根部從地底下被拉出時確實會發出輕微的吱吱聲，但是當然沒有實際報告顯示任何人被尖叫聲殺死。它致命尖叫的故事很可能是來自於真正需要它的人；毒茄蔘至少需要兩或三年才能完全成熟入藥，用恐怖的死亡故事防堵偷摘者，便至少可以避免幾株尚未成熟的植株被盜竊。

另一個同樣穿鑿附會的故事——但可能有其理論基礎——是人們相信毒茄蔘能在夜間發光，這種迷信如此普遍，使得毒茄蔘在阿拉伯文和英文手稿中被稱為「魔鬼的蠟燭」。湯瑪斯·摩爾在詩作〈拉蕾蘿〉（Lalla Rookh）中如此描述：

耀眼且致命的光彩
如同發自地獄的火光
夜晚納骨堂裡的毒茄蔘葉。

最早提到這種看法的是西元一世紀的紀錄，歷史學家弗拉維烏

斯‧約瑟夫斯（Flavius Josephus）描述了一種生長在約旦馬查魯斯城堡（Machaerus）裡的植物。據說葉子是火焰的顏色，像閃電一樣耀眼，但是接近它時光亮就會消失。不到一百年後，羅馬作家埃利安（Aelian）描述了一種色彩鮮豔的神奇藥草，也具有相似的特性，稱為「Aglaophotis」，表示它像星星一樣在夜間閃耀。這兩個例子並不是唯二已知的對發光植物的描述，而且據信都是指毒茄蔘。前人對這種神奇發光植物的描述都符合毒茄蔘的特徵，而且毒茄蔘葉片對螢火蟲也特別有吸引力，合理地解釋了會消失的神祕閃光。

MAPLE TREE
Acer spp.
楓樹

她的葉片緋紅，

靜靜地飄下，

像生命之血滴落

勇敢而高大的戰士，

知道她的孩子們

將迅速大量灑血

腳下信念和自由的土壤

與敵人的腳步相隨。

——亨利‧福克納‧達內爾（**Henry Faulkner Darnell**）

〈楓樹〉（***The Maple***）

楓樹以在加拿大國旗上占據一席之地，以及每年九千萬公斤糖漿的產量而聞名，是全球家喻戶曉的植物。雖然它幾乎被視為加拿大最著名的出口產品，楓樹卻大多原生於亞洲，遍布歐洲和北非以及北美。幾乎所有的楓樹葉片都會變成為人熟知的鮮豔紅色，在日本和韓國，momijigari（紅葉狩り）和 danpung-nori（丹楓戲）都是人們醉心欣賞葉片變色的節日。

「Acer」的意思是「鋒利」，意指星形葉片整齊的端點，但這個名字也很符合楓木在歷史上的用途：由於堅硬且易於成型，是許多北美部落製作箭頭和長矛的理想木材。阿爾岡奎安族（Algonquian）特別喜歡這種樹，加拿大拓荒者就是向該部落學習了他們數世紀以來日益精進的藝術：製作楓糖和楓糖漿。楓樹汁被認為是造物主或其他神話英雄的禮物，許多阿爾岡奎安傳統都和楓樹以及收集楓糖的技術有關。

在古希臘，鮮豔的紅色楓葉使它與其他樹種有明顯的分別。它被認為受到佛波斯（Phobos）和德摩斯（Deimos）的控制，這對雙胞胎是驚懼和恐怖的化身[102]，會伴隨戰爭女神厄倪俄（Enyo）及爭端女神厄里斯（Eris）上戰場。崇拜佛波斯和德摩斯的信徒以他們之名舉行許多血祭，因為據說他們非常嗜血，樂見死亡，甚至用因為他們而被殺的人們頭骨建造了一座神廟。

關於楓樹的另一個傳說是有位年輕女子在死後變成楓樹。這個故事來

---

102 戴安娜・威爾斯（Diana Wells），《樹的生命：一段不尋常的歷史》（*Lives of the Trees: An Uncommon History*）。

自歷史上的
摩達維亞地區
（Moldavia），現在的
羅馬尼亞和烏克蘭；當地的原生樹種
是紅楓（*A. rubrum*）。故事內容是領主
的小女兒在聽見年輕牧羊人吹奏長笛之
後愛上了他。春天到來，領主派三個女
兒去摘草莓，承諾最先帶著一籃子草
莓回來的女兒就能繼承他的土地。最
小的女兒第一個完成任務，由於姊姊
們不願與生俱來的權利就此被剝奪，便
謀殺了小女兒，將她的屍體埋在楓樹下。

　　大女兒和二女兒回到家之後告訴父親妹
妹被麋鹿殺死了。領主悲痛欲絕，牧羊人亦同，而
且無論他怎麼吹，心愛的長笛都發不出聲音。在哀悼的第
三天，牧羊人注意到田野間的一棵楓樹根部長出了新的樹苗。他砍下樹苗，
製成一支新的長笛。一當他的嘴唇靠近長笛時，笛子便開始唱歌：「吹奏
吧，親愛的！我曾是領主的女兒，後來變成楓葉；現在我只是一根木笛。」

　　牧羊人對這一番告白感到震驚，趕到領主面前告訴他來龍去脈。領主
將長笛放在自己嘴邊，它又開始唱：「吹奏吧，父親！我曾是領主的女兒，

後來變成楓葉；現在我只是一根木笛。」

領主堅信自己聽錯了長笛的話，便他把兩個大女兒叫來，要求她們也試著吹奏。當女兒們分別照做時，笛子唱道：「吹奏吧，兇手！我曾是領主的女兒，後來變成楓葉；現在我只是一根木笛。」

領主了解了整件事之後，將兩個女兒放逐到黑海的荒島上度過餘生。牧羊人回到田野間，只能在吹笛子的時候聽見愛人的聲音。

MISTLETOE
Viscum album
槲寄生

若她是槲寄生

而我是玫瑰——

在你的桌上多麼雀躍

我天鵝絨的生活將結束——

因我是德魯伊，

而她是露水——

我將裝飾傳統的扣眼——

將玫瑰向你寄送。

——艾蜜莉·狄金生（Emily Dickinson），

〈若她是槲寄生〉（*If She Had Been the Mistletoe*）

歐洲槲寄生與各種魔法、德魯伊，以及耶魯節（Yule）和聖誕節的故事糾纏不清。它和冬季假期的聯繫根本上可以追溯到德魯伊的影響：如同所有

常綠樹種，槲寄生與永生不朽連結在一起，就像任何當別的植物不免一死時卻能抵抗死神的植物。在歷史悠久的日耳曼荷斯坦（Holstein）地區，它被稱為「幽靈的魔杖」，因為據說手持槲寄生的德魯伊能夠看到鬼魂並與其交談。

多年來，德魯伊的故事被毫無證據地誇大或記錄，雖然德魯伊信仰仍然以精神運動的方式存在，民間傳說中的「德魯伊」概念通常將其簡化為具有魔法能力或遵循傳統古老、少有規範信仰的人。有一個經過潤飾的故事描述無法解釋的德魯伊力量；故事背景是英格蘭，槲寄生在該地區的南部和西部大量生長——除了德文郡，因為根據這個故事，該地被德魯伊詛咒了，槲寄生永遠不會在那裡生長。據說有一座果園橫跨德文郡和薩默塞特邊境，薩默塞特一側的蘋果樹上生滿槲寄生，但德文郡那一邊的蘋果樹卻完全沒有。[103]

無論這些故事的起源為何處，槲寄生始終被認為是神奇的。這種寄生植物著實令人好奇；它不生長在地面，只長在樹上，根系直接從宿主取

---

103 《一千件選自備忘和查詢期刊的有趣軼事》（*Milleducia: A Thousand Pleasant Things Selected From Notes And Queries*）。

得營養。美洲的槲寄生屬稱作「Phoradendron」，字面意思是「樹賊」；在許多世紀之間，人們認為槲寄生必定是從殘留在樹枝上的鳥糞裡長出來的。它的名字仍然讓人聯想到這種看法——「mistel」在盎格魯－撒克遜語中是「糞」的意思，而「tan」表示「小樹枝」：因此，這種植物的現代通名可以直譯為「樹枝上的糞便」。

雖說鳥類對植物的繁衍有功，但槲寄生的用途也曾對鳥類數量造成巨大傷害。槲寄生漿果的汁液又濕又黏，曾是製作黏鳥膠的主要成分。該物質一直到十六世紀都被用來捕鳥，因為塗布了槲寄生漿果汁液的樹枝黏稠到足以困住鳥爪。有些經過調整的混合物甚至強大到可以捕捉鷹隼，人們會將一隻小活鳥拴在樹枝上誘鷹。

至於拉丁學名中的 viscum，其由來曾經過廣泛的推論，有人認為它可能指的是這種具黏性的物質。另一個理論是它可能來自梵文 visam，意思是「毒藥」。它的漿果確實有毒，但毒性並不強，所以從未有紀錄顯示攝入漿果能長期致害，但可能會引起持續一兩天的醉酒症狀。

關於槲寄生的傳統，最著名的就是冬天在它下方接吻。如今，起鬨沒意識到置身其下的人們接吻，被視為無傷大雅的派對惡作劇，但這件事在歷史上卻嚴肅得多：如果一對情侶在它下面親吻，就表示承諾來年必會結婚。傳統上，凡是在它之下發生過一次吻，就應該從枝子上摘下一顆漿果，等到所有的漿果都摘完，就不會再有接吻。如果在此之後還有沒被親過的人置身其下，就表示來年會保持單身。

它在斯堪的納維亞國家的意義就不那麼浪漫了。它與戰爭有關，分叉的樹枝肖似閃電，所以和北歐神祇索爾（Thor）的故事密切相關。它在瑞典被稱為「雷電掃把」，這個名字來自早期的傳統，當時癲癇患者會隨身攜帶一枝槲寄生或一把以槲寄生做柄的刀，防止他們癲癇發作時被體內的「電風暴」擊倒。

一個北歐傳說講述槲寄生導致了奧丁和佛麗嘉（Frigg）之子，光明之神巴德爾（Baldur）的死亡。據說他長得很漂亮，又公正，受到眾神鍾愛。由於他夢見自己會死，為了確保這個情況永遠不會發生，佛麗嘉便拜訪了地球上的每一個生物，要它們發誓不會傷害她的兒子。然而，她不小心忽略了槲寄生，當詭計之神洛基（Loki）得知此事後，便計畫除去巴德爾。

　　巴德爾以為自己已經所向無敵，便與其他神祇舉行了一場精采的遊戲，請他們用武器攻擊他，證明他死不了。洛基取來槲寄生做成箭，鼓勵盲神霍德（Höd）將槲寄生箭射向巴德爾，並告訴霍德並不會造成傷害。然而箭射死了巴德爾，惡夢成真。槲寄生珍珠白色的漿果據說是佛麗嘉在意識到寶貝兒子喪命時流下的眼淚。

OLEANDER
Nerium oleander

洋夾竹桃

如法利賽人，外在美麗，

內在卻是貪婪的狼和兇手。

——威廉・透納（**William Turner**），《**新草藥典：第二部分和第三部分**》

（*A New Herball: Parts II and III*）

　　夾竹桃是具有觀賞價值的開花灌木，生長在熱帶氣候地區。它是非常
受歡迎的人工栽培植物，現在已經很難查明確切的原生國家了，但人們認
為類似的野生品種可能來自亞洲西南部。夾竹桃名字裡的「oleander」來自
它與洋橄欖屬（*Olea spp.*）外觀上的相似之處。

如同許多有毒植物，它在有其蹤跡的許多國家中都成為死亡和厄運的代名詞。在托斯卡尼和西西里，遺體下葬之前會覆蓋夾竹桃花；印度葬禮中的死者頭上戴著夾竹桃花環。

它也是毒性最強的常見園林植物之一。它是毒犬草（Dogbane，羅布麻）家族[104]的成員，整棵植株，包括燃燒時產生的煙霧都含有劇毒。雖然自一九八五年以來，官方紀錄的死亡人數屈指可數，但是只要幾片葉子就足以殺死一名孩童。誤食會引起腹痛、嘔吐、脈搏加快和心跳驟停，僅僅接觸植物也會引起水泡和過敏。它在印度被稱為殺馬樹，義大利則是毒驢樹，光是花的香味或落有葉片的水就能毒死家畜和牲口。

因為吃了串在夾竹桃枝子上烤的肉而死亡的故事所在多有。有人將這種情節描繪成半島戰爭期間威靈頓公爵手下的命運，而在其他版本中則是未提及姓名的希臘或羅馬士兵；有時是不察的徒步旅行者，或者露營的倒楣童子軍。但這些故事的真實性與來源同樣令人懷疑；夾竹桃的木材並不適合作為串燒棒，即使真的用來烤肉，烹調過程中也極不可能有足夠的毒素轉移。另一個類似的傳說是士兵在砍斷的夾竹桃樹枝上睡覺，結果就此一命嗚呼，完全是天馬行空的穿鑿附會。

然而，多個夾竹桃品種有著陰險的壞名聲。黃花夾竹桃（*Cascabela thevetia*）是真正夾竹桃的親戚，原產於墨西哥和中美洲。名字裡的「cascabela」來自西班牙文的「cascabel」，意思是響尾蛇尾巴的角質環——蛇和植物之間的相似之處並非沒有道理。

有時在美國南部各州會有人開玩笑說，厭倦了丈夫的老太太們可能會用這種植物來給蛋糕調味，好擺脫老頭子，這個俏皮話也許可以追溯到發生於路易斯安那州聖法蘭西斯維爾市（St. Francisville）桃金孃莊園（Myrtles

---

104 毒犬草是羅布麻屬，洋夾竹桃是夾竹桃屬，兩者同隸屬於夾竹桃科下。

Plantation）的著名鬼故事。故事裡的克蘿伊是莊園主人伍德拉夫法官擁有的奴隸之一，曾短暫成為他的情婦。她怕一旦主人厭倦了就會將她送回其他莊園，於是決定將夾竹桃葉片烤進生日蛋糕裡毒害主人一家，打算之後藉著悉心照料受害者，使他們恢復健康來討好他們。然而，克蘿伊誤判了葉片用量，結果適得其反，伍德拉夫的妻子和兩個女兒毒發身亡。克蘿伊畏罪逃離現場，其他奴隸不想被認為是她的共犯，便將她捉住之後絞死，她的鬼魂到今天仍然糾纏著該莊園。

雖然人們確實有可能不小心遭到夾竹桃的毒手──正如故事裡的情節──但並不是所有吃下它的人都純屬偶然或不知道它的效力。在斯里蘭卡，黃花夾竹桃被稱為自殺樹，因為它是常見的自殺方法，尤其是老年人，照顧花園的他們通常易於取得為了觀賞而種植的黃花夾竹桃的葉片和種子。

OTHALAM
Cerbera odollam
白花海檬果

靜止

如無風之夜

月色投下的陰影，

我的心將如此靜止

死後。

──阿德蕾德·克拉普西（Adelaide Crapsey），

〈月影〉（*Moon-Shadows*）

無論是俗稱的乒乓球、明托拉（mintola），還是不祥的「自殺樹」，白花海檬果在原生的印度很常見，大多數作為住家之間的樹籬植物。

　　它是夾竹桃和致命的麻布羅的親戚，學名來自希臘的冥界守護犬喀耳柏洛斯（Cerberus）。植株所有部分，甚至燃燒木質部產生的煙霧都有毒；但最重要的是果核。果核直徑不超過一英寸，卻足以殺死一名成人。果核內的海檬果甙（cerberin）可增加體內細胞的鉀（醫學術語是高鉀血症，與死刑注射引起的效果相同）並導致心臟驟停，幾乎總是能致命。攝入後會在一到兩天內死亡。

　　解剖驗屍過程中很難檢測到海檬果甙的存在，而且果核的味道能輕易以烹調手法蓋過，所以海檬果核已成為古今常用的自殺和謀殺工具。在一九八九至一九九九年間，喀拉拉邦證實的海檬果核中毒事件為五百三十七例；光是在這個邦裡就大約每週發生一次，占同時期中毒案件的五分之一。[105]這些死亡案件大多數被判定為自殺，但是多虧了先進的驗屍技術，參與研究的團隊發現一些原本可能被忽視的兇殺案件。這使得研究團隊好奇有多少自殺案件背後可能隱藏了更陰險的解釋。

　　從歷史上看，海檬果核也被用作試煉的手段。紀錄最多的是在馬達加斯加島和非洲，這種司法手段通常保留給最嚴重的指控，例如謀殺或巫術。被告會吞下有毒植物的果核，通常是白花海檬果核，如果嫌犯將之嘔吐出來，而且沒有不良作用，就會被宣布無罪。然而，若他們無法反嘔，就會死於中毒，或者以符合犯行的方式處決。這種試煉手段之所以流行，原因是相信植物中有善靈，只會懲罰有罪之人的心，當地人對測試的準確性充

---

105 伊凡・蓋亞（Yvan Yvan Gaillard）、阿南達山卡蘭・克里希那穆爾錫（Ananthasankaran Krishnamoorthy）和法比安・貝瓦洛（Fabien Bevalot），《白花海檬果：印度喀拉拉邦的『自殺樹』和致死原因》（*Cerbera Odollam: A 'suicide Tree' and Cause of Death in the State of Kerala, India*）。

滿信心，許
多人甚至自
願接受測試
來證明自己的
清白。儘管如此，這
樣的折磨仍然造成令
人難以置信的死亡人數。
曾有紀錄顯示某次審判中就有超過
六千人中毒死亡。[106]

　　若是發生糾紛的雙方都必須通
過嚴酷的測試，倖存者將被宣布為無
辜的一方。假使雙方都活了下來，便不再
有爭論的理由；若兩人都死了，就證明他們在某
些方面不誠實。如果死者是下等人，屍體會被扔給野生動物；但是若身分
比較高級，他們的親戚通常會支付原告損害賠償。如果親戚無法賠償，就
會把自己賣作奴隸，通常是賣給贏家。有些受到指控的富人會指派手下的
奴隸或僕人為他們受測試。[107]

　　從科學的角度來看，毒藥本身無法判別有罪或無罪；然而，迅速咀嚼
和吞嚥果核可能使受測者在測試中倖存。因為這樣做能觸發更快速的嘔吐
反射，進而限制吸收的毒素量。有罪的一方可能因為懼於審判結果，咀嚼

---

106 A・海斯（A.Heiss）、D・馬雷西（D.Maleissye）、J・塔迪厄（J.Tardieu）、V・維歐薩（V.Viossat）、K・A・
　　塞謙（K.Sahetchian）、I・G・皮特（I.G.Pitt），《大氣壓下氧氣中的丁氧基和二級丁氧基反應》（*Reactions of
　　primary and secondary butoxy radicals in oxygen at atmospheric pressure*）。《國際化學動力學期刊》（*International
　　Journal of Chemical Kinetics*），一九九一。
107 格文・坎貝爾（Gwyn Campbell），《邦和前殖民時期的人口史：十九世紀馬達加斯加的案例》（*The State and
　　Pre-Colonial Demographic History: The Case of Nineteenth Century Madagascar*），《非洲歷史雜誌》（*Journal of
　　African History*）。

果核的速度較慢，反而給自己判了死刑。

這種測試方法在馬達加斯加島至少可以追溯到十六世紀。平均而言，它被認為每年造成至少百分之二的人口死亡，到了一八六三年，終於被拉達瑪二世國王（King Radama II）廢除。[108]

除了馬達加斯加之外，中非洲仍在使用它；然而只保留用於極端情況下，因為當地相信非自然死亡是對自然的冒犯，而且在使用之前會先慎重考量。[109]

只有另外兩種情況會在沒有犯罪的情況下執行這種測試。在西部非洲，測試的目的只是為了催吐而不是致死——當地使用幾內亞格樹（Erythrophleum guinenese）的樹皮，因為它的單寧含量很高，能在植物的毒素發揮作用之前引發嘔吐。這種測試通常用於有前景的巫醫（通常監督測試的也是巫醫），候選人必須先通過多次測試才算合格。它在歷史上也曾被用來為新國王舉行傅油儀式，即使頭銜是世襲的也不例外；至少有一位前國王的兒子必須經歷兩次測試，並願意接受第三次，否則王位將被宣布懸缺並開放競爭。[110]

據信大多數用於這些考驗的植物來自夾竹桃科、豆科和茄科。我們從毒藥效果的描述中得知，白花海檬果、大花曼陀羅和木薯絕對是最常用的。另外常見的測試用果核來自白花海檬果的親戚馬達加斯加海檬果（Cerbera tanghin）；幾內亞格樹的樹皮使用率如此頻繁，使它得到「考驗樹皮」的稱號；此外還有毒長藥花（Acokanthera oppositifolia）。後者是受歡迎的選擇，因為它的主要毒素「哇巴因」（來自索馬里亞語「waabaayo」，意思

---

108 威廉‧愛德華‧考辛斯（William Edward Cousins），《今日的馬達加斯加：島嶼概述以及過去的歷史》（Madagascar of Today: A Sketch of the Island, with Chapters on its Past）。

109 拉斯奈（Lasnet）和波耶（Boye），《測謊毒藥》（Poisons d'épreuve），取自《異國病理學論》（Traite de Pathologie Exotique）。

110 喬治‧羅伯（George Robb），《馬達加斯加和非洲的考驗毒藥》（The Ordeal Poisons of Madagascar and Africa）。

是「箭毒」）和毒毛旋花子苷並不總是能被消化系統持續吸收，使得人們無法預測致命所需劑量。因此，某人可能在單次考驗中攝入一劑並僥倖存活，但是在第二次考驗攝入相同劑量卻死亡。如此一來，被告便無法藉著賄賂監督分配毒藥劑量的巫醫來躲過一劫。

為了保命而賄賂的策略並不罕見。無論是透過金錢或指定奴隸代為受刑，被告盡其所能利用對自己有利的手段。巫醫的腐敗也使測試變成除掉高層人士的便捷方式。在某個案例中，一位不受大眾喜歡的人被誣告使用巫術。由於他因病臥床無法赴審，便連人帶床被搬到審判地點接受考驗，並被給予雙倍劑量的毒藥讓他「先退燒」。[111]在另一樁一八八一年的案件中，一名廣受厭惡的軍官受到類似的方式處決。該軍官在父親去世後一直在看守遺體——這是在下葬之前陪伴遺體的做法，很常見，而且是完全清白的傳統。但是他的村落藉機指控他施展觀落陰法術，將他捉起來之後在審判過程裡給他下了大劑量的毒藥，以確保他無法活命。

111 冗內斯・夏當（Joannes Chatin），《馬達加斯加海檬果的植物應用史、化學和生理學》（*Recherches pour servir à l'histoire botanique, chimique et physiologique duTanguin de Madagascar*）。

PPALA TREE
Alstonia scholaris
黑板樹

我們說，然後——兩個，然後——「啊，是不是

那些林地食屍鬼——

可憐，可憫的食屍鬼——

堵住我們的路，不讓我們前往

這片荒野中的祕密——

和隱藏在這片不毛丘陵裡的物體——

自盈虧變化的靈魂中

描繪出可怖的星球——

這顆閃爍著罪惡的星球

來自漂泊不定的靈魂地獄？」
──埃德加・愛倫・坡，
〈致烏勒魯姆：敘事歌謠〉（*To Ulalume: A Ballad*）

　　黑板樹的原生地區橫跨印度、東南亞和澳洲，是這個地區最高的樹種之一。它可以長到一百四十英尺高，生長迅速，使其成為鉛筆和黑板的理想木材，所以拉丁學名中有特定的描述字「scholaris」和通用名稱黑板樹。

　　然而在夜色降臨之後，它就成為人稱的幽靈樹或惡魔樹──而且有充分的理由。它是夾竹桃科的一員，花朵在整個十一月的夜晚盛開，濃烈的氣味能引發劇烈頭痛。在印度南部，人們警告孩童天黑後要遠離這種樹，因為據說它是藥叉女（yakshi）出沒的樹，她是專門誘捕有錢男性的吸血鬼，將他們引向死亡。

　　據說藥叉女是某位受害於悲慘戀情的女性復仇之靈，她愛上的男人親手結束了她的生命。這位身著白衣的美人在樹下等著向年輕人要火柴來點燃香菸。等年輕人靠得夠近時，

她便會變成吸血鬼吞噬對方，只留下指甲、牙齒和頭髮。馬來西亞也有名為龐蒂亞娜（pontianak）的類似生物，出沒在同一種樹上，可是只會吸受害者的血，再放掉他們。

儘管藥叉女名聲可怕，但在印度北部（和她的男性夥伴「夜叉」〔yaksha〕）她被描述為樹精，比她的南方同類平和一些。她在北方並不是吃人的吸血鬼，而是生育的精靈，是「花朵的芳香」，會給善待黑板樹的人帶來福慧。

有一個關於南印度藥叉為何如此兇惡的理論，說實際上可能是毗舍遮（pisacha，字面意思是「吃生肉的人」）的變體。毗舍遮是一種惡魔，通常與夜間開花的樹連結在一起，會在十字路口襲擊受害者。然而，鐵能夠抵銷毗舍遮的惡力，這一點和馬來人的龐蒂亞娜形成有趣的關聯——在馬來西亞，人們認為將鐵釘進龐蒂亞娜的脖子能將她變回正常的女人。

PEPPERS
Capsicum spp.
辣椒

逃自失火的船，別無他法

唯有溺水才能自火焰中解脫，

有些人往下跳，他們游往

敵人的船隻，被射擊而亡；

於是俱往矣，船上所有

在燃燒的海面，著火的人和船全滅頂。

——約翰・多恩（John Donne），

〈一艘燒毀的船〉（*A Burnt Ship*）

　　辣椒和名聲更壞的顛茄是表親，所以也是茄科植物，至少在六千年前被馴化。它們的確切起源很難確定，但在墨西哥普埃布拉州（Puebla）的提瓦坎山谷（Tehuacan Valley）遺址中發現的果實、種子和花粉至少可以追溯到西元前四千年，在祕魯的瓦卡普里葉塔（Huaca Prieta）地區發現的則可追溯到西元前兩千年。

　　早期西班牙探險家發現時，辣椒遷移的足跡已經超越了它的原生地區：西班牙探險家是在加勒比海尋找巴西胡椒木（*Schinus terebinthifolia*）時發現了紅辣椒種莢。我們直到目前仍不清楚那些早期探險家將此發現命名為「胡椒」（pepper）是出於真正的識別錯誤，或者只是因為帶回錯誤的植物而想挽回面子，但是雖說辣椒和胡椒木之間並無任何關聯，辣椒之名卻就此根深蒂固。

　　辣椒一引入歐洲之後便迅速受到歡迎。在所有歐洲國家中，匈牙利已成為歐洲大陸最重要的辣椒和辣椒衍生香料生產國（尤其是辣椒粉）。有一個古老的民間故事描述匈牙利當年開始種植辣椒的淵源：

　　當土耳其士兵入侵時，綁架了一名當地女孩並將她帶到他們的後宮。土耳其人吃很多辛辣的食物，因為能使他們在戰鬥中變得兇猛，同時也渴求女性，當女孩得知這個現象後，開始想辦法回到自己

的村莊，與她的未婚夫重聚。她逃跑時也連帶把辣椒種子帶回家鄉，很快地，辣椒便在全國各地生長。這種香料賦予匈牙利戰士與土耳其人一樣的力量，土耳其入侵勢力便迅速被擊垮。

在催情藥方面，辣椒其實並沒有效用，也沒有能力增強人體的力量，但它熱辣辣的滋味卻為人熟知。這種反應是由複合辣椒素引起，實際上並不是真的灼傷，而是觸發神經發送燒灼感的信號給大腦。雖然喝水無法緩和這種燒灼感，酒精卻能分解該化合物；奶油和牛奶之類的脂肪也可以和辣椒素結合。辣椒之所以演化出這種生存機制，可能是為了阻止哺乳動物食用種子，讓鳥類得以吞下整顆種子，再幫忙散播。

辣椒素的特性使辣椒成了流行於全世界的燻蒸劑。具刺激性的煙霧對於驅趕老鼠、昆蟲和其他害蟲很有效，而且在歷史上，燻蒸一直是對抗超自然力量的保護措施，辣椒具有魔法的迷信很快地就出現了。在為數不多的阿茲特克倖存書籍之一《門多薩手抄本》（*Codex Mendoza*）裡，有一幅插圖描繪小男孩被燃燒辣椒的煙霧籠罩——波波洛卡印第安人（Popolocan Indians）直到今日都還沿用這種手法懲罰不聽話的頑劣孩童。[112]

在墨西哥，辣椒不僅具有震懾邪靈的能力，還能殺死它們；辣椒果實的甜味會先吸引邪靈，再用火將之摧毀。這個作法是吸血鬼「紅色惡魔」（luban oko）無法逃脫的命運，它最喜歡窺探亞馬遜的札奇拉（Tsachila）或科羅拉多（Colorados）印第安人。如果村莊疑似被這種生物困擾，村民就會用火燒炙辣椒，並作為盛宴菜餚。如此一來，惡魔等於受到雙重打擊：它既不能吃辣的食物，大火燒炙辣椒的煙也會使它窒息。[113]

在非洲，辣椒（尤其是小米椒〔*C. frutescens*〕，也就是受歡迎的塔巴

---

112 琴・安德魯斯（Jean Andrews），《辣椒：馴化的辣椒屬植物》（*Peppers: The Domesticated Capsicums*）。
113 胡安・哈維爾・里維拉・安迪亞（Juan Javier Rivera Andía），《南美洲美洲印第安地區的非人類：原住民宇宙學、儀式和歌謠的民族誌》（*Non-Humans in Amerindian South America: Ethnographies of Indigenous Cosmologies, Rituals and Songs*）。

斯科辣椒）可以用來探測和誘捕女巫。迦納有一個儀式是在女巫聚會的樹下生火，將乾辣椒扔進火裡。辛辣的氣味會困住在場的所有女巫，令她們無法飛走。[114]

POISON IVY, OAK, AND SUMAC
Toxicodendron spp.
漆樹屬（毒漆藤、毒櫟和毒漆樹）

小路蜿蜒著令人暈眩的岩壁

盤繞懸崖邊緣，

就在此時！一位削瘦的女性，

被太陽和風暴的怒火摧殘，

身披碎爛雜草，打扮狂野，

站在路邊的懸崖頂，

不安的眼睛環視，

樹林、岩石、天空，

看似一無特殊，但萬物皆在眼底。

——華特·史考特爵士（Sir Walter Scott），

〈湖之女〉（*The Lady of the Lake*）

這三種植物也許可說是北美洲最惡名昭彰的，傳說有很多在野地中的

---

114 漢斯·維爾納·德布倫納（Hans Werner Debrunner），《迦納的巫術：關於毀滅性女巫的信仰及其他對阿坎族的影響》（*Witchcraft in Ghana: A Study on the Belief in Destructive Witches and its Effect on the Akan Tribes*）。

行人遭到漆樹屬（Toxicodendron，從前為鹽膚木屬〔Rhus〕）植物的毒手。毒漆藤、毒櫟、毒漆樹都是近親；常春藤是 *T. radicans*（意指會生根），毒櫟是 *T. pubescens*（意指毛茸茸的，因為其葉片具有纖毛），毒漆樹是 *T. verix*（意思是樹脂，表示它的分泌物）。

三者之中最出名的可能就是毒漆藤，並且絕對也是最普遍的。它由英國殖民地詹姆斯敦鎮的約翰・史密斯船長（Captain John Smith）命名的，他如此描述：「觸摸後，這種有毒的雜草會引起發紅、發癢，最後是水泡。」由於它的生長型態類似英國常春藤，輕易地就得到了「毒常春藤」這個綽號。雖然兩者有相似之處，毒漆藤實際上卻是腰果和開心果的親戚，與英國常春藤無關。

討厭這種植物的不僅僅是英國殖民者（詹姆斯敦的一位紀實者便宣稱「從來沒有一位滯留外國的英國人像我們如此痛苦地留在新發現的維吉尼亞」）。原住民部落對毒漆藤也深感厭惡，不過拉瑪納瓦侯（Ramah Navajo）和契羅基族（Cherokee）都將其用作染料以及製作箭毒。[115]無論如何，當不得不接近它時，人們通常的做法是稱它為「我的朋友」，希望藉此安撫它難纏的個性。[116]對於居住在北美洲而且常常碰到這種植物的人來說，一定對於在歷史的某個時間點上，它曾是搶手貨物這一點感到不可思議。當時的歐洲植物相關機構，例如英格蘭的邱園或巴黎醫學院，都收藏了幾個世紀以來既有用又不尋常的植物：我們今日對植物學的了解大部分來自於他們的研究。一六六八年，一份毒櫟的樣本由百慕達的理查・斯塔福（Richard Stafford）寄往英格蘭，同時附上警告：「我曾見過一個人中

---

115 W・T・吉利斯（W. T. Gillis），《毒漆藤和毒櫟的系統學及生態學》（*The Systematics and Ecology of Poison-ivy and the Poison-oaks*）。
116 詹姆斯・穆尼（James Mooney），《契羅基族的歷史、神話和儀式藥草配方》（*History, Myths, and Sacred Formulas of the Cherokees*），一九八一。

的毒如此之深，就連臉上的皮膚都剝落了，但是那個人從來沒碰過這株植物，只是路過時看了它一眼。」這個說法明顯誇張不實，但像這樣的可怕故事卻給了植物們擺脫不掉的惡名，也難怪當時對研究這些讓人吃苦頭的植物抱著強烈的興趣（即使為時甚短）。

然而，儘管它們的名聲不佳，毒漆藤、毒槲和漆樹嚴格來說並不具毒性。毒藥的定義是當攝入或吸收後能引起疾病或死亡的物質；但是漆樹屬植物釋放的漆酚是一種油，能活化人體免疫系統，產生皮疹型態的過敏反應。不像許多有毒的植物，這種毒性並未演變成防禦機制——它事實上是意料之外的副作用，因為漆酚的目的是幫助植物在乾旱期間保持水分。據信，大約百分之二十五的人不受漆酚影響，可以安全無虞地接觸這些植物。然而，對於那些敏感的人，每接觸一次漆酚，免疫反應就會越強，使得過敏狀況越來越糟。幸好含有漆酚的植物很容易識別——只需用一張白紙包住莖或葉，壓碎裡面的植物。如果植物含有揮發性油脂，就會在紙上留下棕色痕跡。

漆酚（Urushiol）存在於漆樹家族的所有成員中，並根據漆樹（*T. verniciftuum*）而命名；因為漆樹在原生地日本稱為「urushi」。含有漆酚的樹液暴露在空氣裡會變乾，變成中國、日本和韓國傳統漆器上常見的富有光澤、質地堅硬的漆。

它也被中世紀日本的修驗道僧侶用來將自己木乃伊化——稱為即身佛（sokushinbutsu），許多人嘗試這個需時十年的艱困儀式，但迄今為止只發現了二十四具「成功」的木乃伊。

即身佛過程需要一千天的極端節食，稱為「木食」（mokujikigyo，直譯為「吃樹」）：執行者只依靠山裡可找到的松針、種子和松脂為食，去除身體裡所有的脂肪。接下來用兩千天清除體內所有內容物，減少液體的攝入量，讓身體脫水，每天只喝一碗漆油，使身體具有劇毒阻擋蛆和害蟲近身。等到僧侶完全停止飲用液體之後會進入冥想狀態，每天敲響一次鐘聲表示他還活著。當鐘聲停止發出聲響時，他的墓會被密封最後一千天，直到遺體自然地變成木乃伊。

POPPY, OPIUM
Papaver somniferum
鴉片罌粟

途中，田野間，
罌粟舉起朱紅色的盾牌，
它們的心中，金色的正午
呢喃著昏醉的曲調，
搖晃睏倦低吟的蜜蜂。
——麥迪森·朱利宇斯·凱溫，〈心靈富足之地〉

能和夏日午後慵懶搖曳的罌粟花一樣喚起人們回憶的景象並不多。它們是全世界農地、公園和路邊常見的植物，提供受人們歡迎的色彩，供應

食物給蜜蜂、飛蛾、蝴蝶等依賴花粉的昆蟲。它們喜歡在受人為干擾的土壤中生長——例如戰場——也使得罌粟成為紀念退伍軍人以及在衝突中喪生之人的花朵，擔任這個紀念角色的特定罌粟是虞美人（*P. rhoeas*）。

然而，罌粟花也以作為鎮靜劑的特性及生產鴉片而聞名。而這種特殊的罌粟花是鴉片罌粟（*P. somniferum*），或麵包籽罌粟。它之所以如此知名，是因為早期羅馬人認為它是由穀神喀瑞斯（Ceres）創造出來，具有催眠力量，使她能逃避失去女兒珀耳塞福涅的悲痛，讓自己遺忘創傷。威廉·布朗（William Browne）的詩〈安慰，遺忘〉（*Consolation, Oblivion*）談到這件創造：

催眠罌粟，遲到的農夫，
供奉喀瑞斯並非毫無理由。
最美麗的珀耳塞福涅被奪走，
她在夜裡哀嘆，在日間流淚，
悠長時間流逝：沒有強大力量能給她
任何補償，罌粟的確釋放她：
吃了種子後，她們陷入沉睡，
騙過了承受的悲痛。

早期的醫生將罌粟作為基本藥物，用於治療需要安定或鎮靜的患者。在較熱的氣候中，它每年可以收穫不止一次，因此是比毒茄蔘等其他需要三年才能成熟作物更容易取得的安眠藥。乾燥的萼片或種子可以與茶混合以緩解疼痛、咳嗽和助眠。保羅·德·拉邦（Paul de Rapin）如此描述罌粟：

強有力的種子，壓榨之後可以得到汁液

聞名於醫學界，效果極佳，

能在單調冗長的夜晚助眠，

停止頑固的咳嗽，紓解費勁的胸膛。

　　直到一八〇五年，才開始從罌粟裡提取出嗎啡來，還有鴉片——由蒴果提煉出的乾乳膠製成——作為止痛藥和安撫躁動的嬰兒。荷馬在他的《奧德賽》中提到鴉片，稱它為尼盤瑟（nepenthe）——「悲傷摧毀者」。他將鴉片的發現歸功於埃及人，而且埃伯斯紙草卷確實早在西元前一五五〇年就提過這種物質，說它是防止「兒童過度哭鬧」的策略。令人驚訝的是，人們直到五十年前都還使用罌粟副產品治療嬰兒疝痛。

　　從十六世紀開始，鴉片是最常見的處方藥，開立形式是鴉片與酒精（通常是白蘭地）混合的鴉片酊，用作止痛劑。通常成人服用以治療疼痛和失眠，也會用湯匙餵食躁動不安的嬰兒。鴉片酊後來被用在戈弗利甜酒（Godfrey's cordial），一種一七〇〇年代初期很流行的藥物，將止痛藥和糖漿結合作為兒童專用的鎮靜劑。對於那些買不起正統藥物的人來說，有一條一八〇〇年代諾福克和劍橋郡的濕地地區（此地區的居民格外具有鴉片成癮問題）記錄的對策如下：用細布包裹生罌粟種子，浸泡在茶或糖水中，然後讓生病的孩子吮吸布包。

　　雖然罌粟萃取物可能讓疲憊的父母獲得短暫的喘息，但使用它安撫兒童的風險很大，而且吸食鴉片造成的兒童死亡率很高。在一六〇〇年代，醫生兼植物學家尼可拉斯・卡爾佩珀評論了這個趨勢：「過量服用會導致過度興奮或呆滯、臉孔發紅、嘴唇腫脹、關節鬆弛、頭暈目眩、深度睡眠，伴隨混亂的夢境和抽搐、冒冷汗，經常導致死亡。」有這些潛在的影響，無怪乎罌粟茶和鴉片被用於更邪惡的目的：在一八〇〇年代，人們可能會成為這種「蒙汗藥」的犧牲品，選舉前一晚，某方支持者會在反對派選民

的飲料中加入鴉片酊，好讓他們在選舉期間睡得人事不知。[117]

來自英格蘭貝辛斯托克（Basingstoke）的另一個故事突顯了罌粟鎮靜作用的別種危險。故事得從登上南景墓園裡的一個標誌開始說起，標誌上寫著：

布朗登夫人，威廉·布朗登的妻子，一六七四年七月被活埋於此墓地。本鎮因疏忽受議會罰鍰。

如標誌所說，在愛麗絲·布朗登真正過世之前，被活埋了不止一次，而是兩次。紀錄中，當布朗登先生因工作出遠門時，布朗登夫人在家喝下的罌粟茶量大到使她陷入沉睡，沒人能叫醒她。醫生到來之後拿鏡子對著她的臉測試呼吸，並宣布她已經死亡。人們聯繫上布朗登先生，他要求將葬禮延後到他回家；但是那年夏天很熱，家人們決定在遺體開始腐爛之前先將她下葬。愛麗絲是位高大的女人，人們只能將她塞進棺材裡，在密封棺材時壓住她的胳臂和腿。

葬禮之後兩天，兩個在墓地玩耍的男孩聽到地底下傳來低沉的聲音和尖叫。他們跑到學校，告訴了幾位老師，但這兩個男孩是出名的搗蛋鬼，校長便懲罰他們撒謊。然而，校長在隔天親自去墓地調查，並真的聽到了女人懇求的聲音。一直到晚間，才總算獲得所有打開墳墓的官方許可，當棺材打開時，愛麗絲·布朗登的身體幾乎是彈出來的，因為她的身體被緊緊地擠進棺材裡。她的狀況看起來像是經歷了「最可悲的毆打」，經過判定是因為棺材太緊的結果，相關人員對她進行了檢查，並沒發現進一步的生命跡象。

---

117 查爾斯·狄更斯（Charles Dickins）的《匹克威克論文》（*Pickwick Papers*）和湯瑪斯·德·昆西（Thomas de Quincey）的《三椿難忘的謀殺案》（*Three Memorable Murders*）都曾提及。

由於驗屍官隔天才能到場，在那之前無處存放屍體，人們只好將她放回墳墓裡過夜。由於墳墓並未完全封閉，他們便派了一位守衛看守；然而當天晚上下了大雨，守衛離開崗位躲雨，墳墓無人看守。第二天早晨，家人們和驗屍官「發現她撕掉了大部分裹屍布，抓傷自己多處，打嘴巴久到嘴巴流血」。[118]

這一次，愛麗絲肯定是死了。當局找不到可以對此悲劇負責的人，該鎮因疏忽而被罰鍰，而用鏡子檢查死亡與否的方法雖然在當時是公認的技術，卻不再是推薦的做法了。

許多神話和迷信裡的罌粟多半交織著它催眠和鎮靜的效果——或者用在不正當的場合時：它的殺人能力。希臘羅馬諸神中的許普諾斯（Hypnos，睡神）、塔納托斯（Thanatos，死神）和倪克斯（Nyx，夜之女神）的形象經常手持罌粟花或頭戴罌粟花冠，罌粟種子則於葬禮上散落在棺材內，希望逝者長眠，而非復生。

但是，這種罌粟種子的使用方式可能與它的催眠特性關聯不大，反而更緊密連結到對抗惡魔和吸血鬼的古老傳統。這個迷信散播整個羅馬帝國統治之下的歐洲，聲稱將體積小、數量多、容易散落的東西扔在怪物前進的路徑上，它就會在往前進之前被迫停下來計算每一顆小物體，讓獵物有時間逃脫追捕。這個迷信以各種形式被人們重述，除了罌粟籽，還有米粒、麵包屑和橡實（還有其他許多物體），都很適合令怪物分心。你甚至可以在大門邊種一棵迷迭香阻止女巫或任何其他邪惡造訪，同理，他們會被迫停下來計算無數的微小葉片。那麼，也許正是這種情況使得罌粟的蹤跡出現在古代墳墓裡：一來可以阻止屍體被這些怪物捕食，二來也可以防止死者變成怪物。

---

118 法蘭西斯‧貝真特（Francis Baigent）和詹姆斯‧米拉爾（James Millard），《貝辛斯托克古鎮和莊園的歷史》（*A History of the Ancient Town and Manor of Basingstoke*）。

RHUBARB
Rheum rhabarbarum
大黃

伏爾加，伏爾加，伏爾加母親，

在陽光下既寬又深，你從未見過這樣的禮物

來自頓河的哥薩克！

讓和平永遠統治

在這條自由和勇敢的河裡，

伏爾加，伏爾加，伏爾加母親河，

成為這位美麗女孩的墳墓！

——德米特里‧薩多夫尼科夫（Dmitri Sadovnikov），〈斯堅卡‧拉辛〉

（*Stenka Razin*）

沒有什麼比熱騰騰的燉大黃加少許生薑更美味了。它是園丁和美食家的最愛，這種滋味很酸的蔬菜在世界各地生長，幾乎不可能殺死。但它並非原生於大多數食用它的國家，而且死於其毒性的人不在少數——那麼它的故事到底是什麼？

　　大黃原產於蒙古和中國西北部，根被用於藥用，而且早在西元前兩千七百年就因瀉藥特性而備受讚譽。馬可‧波羅在他著名的遠東遊歷中觀察到，大黃在這些地區生長「非常豐富」；它也成為沿著絲路出口至歐洲的主要產品，價格在歐洲甚至高於肉桂、番紅花和鴉片。

　　大黃沿著絲路到達俄羅斯，是最早將其以烹飪為目的栽培的國度，我們也正是從這裡追溯到它的拉丁學名由來。它原本是 *Rheon rhabarbaron*，意為「來自 Rha 的蠻荒之地」（Rha 是希臘語，用來稱呼流經俄羅斯大部分地區的伏爾加河），這個名字最後被曲解，並成為我們現在使用的形式：*Rheum rhabarbarum*。大黃如今仍然是俄羅斯的重要植物，人們說就連惡名昭彰的俄羅斯女巫芭芭雅嘎（Baba Yaga）也在伏爾加河岸採集大黃用於咒語。

　　二〇一四年，紐約某個建築工地清理一處從前的德國啤酒花園時，在其他藥用苦精的瓶子旁邊挖出一個有兩百年歷史的玻璃瓶，上面標著「長生不老藥」。十九世紀，號稱是萬靈丹的酒精性飲料出奇地受歡迎，並且在大多數酒吧裡都可以買到。在建築工地發現的靈藥

配方可以上溯至十九世紀的

德國醫學指

南，裡面含有大黃（可能是根部，或作為調味劑）、龍膽根、薑黃、番紅花、蘆薈汁，和穀物製成的酒精。這些成分大多數能促進消化道健康，進而提升健康，雖然飲酒者感覺到的任何立即性精神振奮，可能只是酒精導致。

但是，儘管牛飲大黃根或莖製成的飲料可能確實很好，大黃葉——以及某些來自政府單位的可疑建議——卻對第一次和第二次世界大戰期間的十八條人命負有直接責任。在這兩個時期，英國政府鼓勵民眾「挖掘勝利」——利用自己花園內的閒置土地飼養牲畜或種植作物，政府還分送了數以百計的小冊子，指導民眾如何充分利用這些自家生產的收成。

原本一切進行得很順利，直到小冊子裡納入了茉德・格里夫的建議；她是一九〇〇年代初期的著名植物學家，雖然她大部分的著作中存在著大量錯誤，但仍然非常受歡迎。在她的指導下，該小冊子將大黃葉列為蔬菜——這個錯誤的訊息可能取自《園丁雜誌》（*The Gardener's Chronicle*）裡於一八四六年發表的一封信，舒斯伯里伯爵（Earl of Shrewsbury）的園丁曾探討整株植物的食用性。

不幸的是，這位園丁的說法並不正確；大黃葉含有草酸，雖然必須食用大量的葉子才能致命，但是攝入之後的一小時之內就會嘔吐、抽搐、流鼻血和內出血。當草酸與體內的鈣結合之後會迅速形成腎結石，導致腎功能衰竭，最後死亡。雖然該位園丁的錯誤訊息在後續的雜誌版本中更正了，還是有許多讀過第一篇文章的人可能沒看到更正版本。

根據這個建議，政府將大黃葉推廣為捲心菜和菠菜的替代品。十三人死於第一次世界大戰中的大黃中毒，有關單位發現小冊子的錯誤之後將它們迅速收回。但是收回之後卻沒銷毀，因此在第二次世界大戰期間，一些勤勞的回收者在倉庫中發現它們，並下令重新發送，導致另外五人死亡。

儘管大黃葉有致命危險，英國在兩場戰爭之間卻仍然非常喜歡這種植物。它與其他水果一起烹調時很容易就能吸收別種水果的滋味，在飲食嚴

格定量配給的時期中，許多果醬和橘子醬摻了很高含量的大黃。有則流行的都市傳說是，某家果醬公司正是用這種瞞騙手法獲得暴利，他們的覆盆子果醬裡含有高達百分之八十的大黃，並且混入木製的覆盆子種子，使果醬看起來更以假亂真。

ROSARY PEA
Abrus precatorius
雞母珠

獨自，獨自，

在長滿苔蘚的石頭上，

她坐著計算死去的人

用最後的葉子做念珠，

萬物枯萎的世界看似淒涼，

如同朦朧畫卷上被淹沒的過去

在緘默心靈遙想的神祕遠方，

何種幽靈之物會偷走最後一道光線

進入遠方彼處，灰上加灰。

——湯瑪斯・胡德（Thomas Hood），〈秋天〉（*Autumn*）

雞母珠通常也稱為相思子，是侵入性的熱帶植物，從原生的亞洲和澳洲蔓延到加勒比海和溫暖的美國各州，成為頑固的有害植物。它的根扎得很深，藤蔓生長迅速，出現之後便難以移除。它長得很有特色，開著紫羅蘭色的花朵，一年之中有幾個月會結著豆莢，裡面裝滿具有紅色和黑色小

斑點的種子。種子經過乾燥後仍然能保持鮮豔的顏色，以製作成紀念首飾而聞名。

雖然雞母珠是侵入性植物，但也有其用途。它的種子重約一克拉，重量非常可靠，甚至幾個世紀以來在印度被用於秤重，叫做拉提（rati），特別是秤黃金的重量。它們也是阿坎人秤重的基本單位系統，十個種子相當於最小的黃銅砝碼，稱為恩拓拉（ntoka）。[119]在印度和爪哇，它的根和葉因其類似甘草的味道而具有價值，被普遍作為甘草替代品；它有時也被稱為印度或野生甘草，在牙買加的名字則是從 liquorice 縮短成口語的「立克（lick）」或「立克草」。[120]

然而，雞母珠也是世界上最毒的植物之一。成年人攝入單顆種子（重量不超過〇・二克）就有可能致命；根據《恐怖主義法》，在英國銷售這些種子受到嚴格限制。它含有的雞母珠毒素比致命的蓖麻油強七十五倍，能導致嘔吐、抽搐、肝功能衰竭和死亡。死亡原因通常來自攝入種子，但毒素也可以透過皮膚吸收，或吸入壓碎種子汙染的氣體，以及飲用浸泡過種子的水。雞母珠盛產於印度農村，因此報導中經常有以壓碎種子作為自殺的死因。[121]

二〇一一年，在某位英國女性佩戴雞母珠首飾，並產生所有雞母珠中毒的症狀一年之後，由雞母珠種子製成的首飾從全英國旅遊景點回收。該名女性在網路上買了一條用雞母珠種子做成的手鍊，她開始產生蕁麻疹、口腔潰瘍、嘔吐和幻覺等症狀。由於醫生找不到原因，她被劃入《心理健康法》的病例，並在過程中丟了工作和房子。直到她兒子的學校發布有關

---

119 瑪格麗特・韋伯斯特・普拉斯（Margaret Webster Plass），《非洲縮影：阿散蒂人的秤金砝碼》（*African Miniatures: the Goldweights of the Ashganti*）。
120 瑪莎・貝克威思（Martha Beckwith），《牙買加民族植物學筆記》（*Notes on Jamaican Ethnobotany*）。
121 艾希瓦亞・卡爾提克言（Aishwarya Karthikeyan）和 S・狄帕克（S. Deepak），《雞母珠中毒：一百一十二名患者的回溯性研究》（*Abrus precatorius Poisoning: A Retrospective Study of 112 Patients*）。

雞母珠手鍊的警告之後，她停止佩戴那條手鍊，健康情況便迅速恢復。如果種子光是透過皮膚接觸就能產生如此巨大的損害，那麼雞母珠在許多原生國家裡被認為具有邪靈寄居，也就不足為奇了。

在非洲南部，雞母珠種子與危險的魔法和巫術有關聯。它們僅用於巫術儀式裡的物品裝飾，只有巫醫才能佩戴。在印度與魔法的連結也很類似，並獻給因陀羅——吠陀須彌山上至高無上的神。因陀羅的身分類似印歐神祇裡的宙斯和索爾，是天堂、雷霆、風暴和戰爭之神。雞母珠的根被用於預言未來事件的儀式。植株根部和土牛膝（*Achyranthes aspera*）、假海馬齒（*Trianthema decandra*）搗碎之後，與蓖麻油和煙灰混合，塗在一名孩童的手掌上，接著孩子會「看著它，詳細描述他在混合物中感知到的狀態，同時會吐出某些具有權威性的話語，如同一面魔鏡，奇怪的東西在鏡裡變得清晰可見」。[122]

在西印度群島，人們看待雞母珠種子的眼光比較溫和，主要將之用於

---

122 卡農－依－伊斯蘭（Qanoon-e-Islam）、賈傅爾·舍里夫（Jaffur Shurreef），《印度穆蘇爾曼人的習俗》（*Customs of the Moosulmans of India*），格哈德·安德雷亞斯·赫爾克羅茲（Gerhard Andreas Herklots）翻譯。

裝飾用的珠飾和念珠（拉丁學名的「precatorius」來自拉丁文「祈禱」〔precari〕，如同它的英文俗名「念珠豆」）。當地似乎並不害怕種子的毒性，它們經常被串成手鐲，戴在手腕或腳踝上避邪。綠色、黑色和白色的種子品種則被用來創造鮮活的設計。[123]

ROSE
Rosa spp.
玫瑰

懷恨的野薔薇在樹林中提心吊膽，燒灼他

那渴求的綠意；

他砍，他剁，就算被向後拖也要強行前進。

──作者不詳，〈弗格斯・麥克萊提王震撼之死〉

若是你問英語世界中的任何人，會將玫瑰與何者做聯想，大多數答案可能都是一樣的：浪漫、婚姻和美麗。但回顧過往幾個世紀，你會發現這種受人喜愛的花也有黑暗的一面：它曾經是祕密、死亡和巫術的象徵。野薔薇在法國甚至被稱為「魔法師的玫瑰」（Rose Sorciere），因為魔鬼當初種下它試圖創造一道返回天堂的梯子，但計畫卻失敗了。[124]

直至如今仍然存在的是玫瑰更具吸引力的連結。它是世界上最廣泛種植和最常用於贈送的花卉，人類至少從西元前五百年就開始種植，它的野

---

123 古丁（Gooding）、樂伏雷斯（Loveless）和普羅克特（Proctor），《巴貝多斯植物群》（*Flora of Barbados*）。
124 保羅・塞比瑤（Paul Sébillot），《法國民間傳說：動物與植物》（*Le Folk-Lore De France: La Faune Et La Flore*）。

210　詛咒與毒殺：植物的黑歷史

生表親被波斯人、埃及人和中國人培育成為我們現在知道的花園品種。它也與基督教傳統中的聖母瑪利亞有連結：「念珠」（rosary）這個詞甚至起源於「rosarium」，意思是玫瑰花環，因為據信早期的念珠可能是用玫瑰果串製而成。

　　玫瑰與浪漫的聯繫可能和它們自己的歷史一樣古老。古羅馬舉行婚禮時，建築物上會冠以玫瑰；埃及豔后克麗奧佩脫拉與馬克・安東尼史詩般的愛情傳說描述，她為了引誘他，曾經在眠床上鋪兩英尺厚的玫瑰花瓣。許多蘇格蘭和英國傳統民謠的共同主題是兩種植物從早逝的悲劇戀人墳墓中生長出來，最後纏繞在兩座墳墓之間，讓戀人們死後永不分離。中世紀的崔斯坦和伊索德傳說中，兩人的墳墓被常春藤連在一起，但是在其他著名歌謠中卻是玫瑰，例如芭芭拉・艾倫（Barbara Allen）、主愛（Lord Love），和瑪格麗特夫人（Lady Margret）：

　　芭芭拉・艾倫葬在老教堂的院子裡，
　　甜蜜威廉埋在她身邊。
　　從甜蜜威廉的心長出一棵紅紅的玫瑰，
　　芭芭拉的心中長出一棵野薔薇。
　　它們在古老的教堂院子裡長呀長，
　　直到高得不能再高。
　　最後它們結成了真正的情人結，
　　玫瑰圍繞著野薔薇生長。

　　園藝玫瑰未馴化的表親野薔薇（*R. rubignosa*）和犬薔薇（*R. canina*），都要感謝古羅馬人賦予它們歷史含義。這兩個品種原本是羅馬人最熟悉的，名聲隨著羅馬帝國在歐洲的拓展而傳播。

在基督教出現之前，早期的羅馬人會舉行慶典羅薩里亞（Rosaria 或 Rosalia）「玫瑰節」。基督教成為羅馬的主要宗教之後，玫瑰節被轉化為基督教的五旬節，也稱為玫瑰復活節。玫瑰復活節的慶祝期間是整個五月到七月，目的在於紀念死者，所以人們在此期間會拜訪墓地並緬懷逝去之人。他們將玫瑰獻給曼尼斯（manes，死者的靈魂），是人過世後護佑家庭的神。軍隊會獻祭，軍旗上冠以鮮花，祭品則供在寺廟裡和雕像前。他們也會供奉不流血的祭品，除了酒之外，還有玫瑰和紫羅蘭；兩種花的顏色放在一起代表血液的顏色和死亡的腐爛。

對羅馬人來說，玫瑰是葬禮和紀念物上最喜歡使用的花朵；玫瑰在葬禮宴會上裝飾餐桌，紀念碑上也經常可以看到。它們同時象徵哀慟和美麗的青春，與年輕人的死亡格外有關聯，墓誌銘裡通常提到屍體在死後變成花朵的概念。比如下面這則拉丁文銘文：

此處長眠著奧普塔圖斯，一位虔誠的高貴孩子：我祈禱他的骨灰能化為紫羅蘭和玫瑰，我也請求如今已是他母親的大地，指引他，因為這男孩在世時不曾為任何人帶來負擔。[125]

希臘人分享了許多羅馬人的傳統。他們在墓碑上雕刻玫瑰，並用玫瑰花冠為死者加冕。在荷馬的《伊利亞德》裡，阿芙羅狄蒂用玫瑰油塗抹赫克托耳（Hector）的遺體，確保他的身體永遠不腐壞——古埃及人也在木乃伊防腐過程中使用這道手續。

羅馬人還將祕密和隱藏的寶藏等意涵灌注在玫瑰裡——特別是野薔薇。所有仙女故事和民間傳說都能找到如此的關聯：亞瑟王傳奇裡的梅林

---

125 喬絲琳‧湯恩比（Jocelyn Toynbee），《羅馬世界的死亡與葬禮》（*Death and Burial in the Roman World*）。

就被困在布勞賽良德森林（Broceliande）中的玫瑰塔；將睡美人藏起來的也是野薔薇叢。希臘傳說裡的厄洛斯（Eros）送給沉默之神哈波克拉底斯（Harpocrates），以確保母親的輕率行為永遠不會洩露。

這些與隱藏和保密的關聯可能來自拉丁短語「在玫瑰之下」（sub rosa）。在羅馬時代的餐廳裡，如果正在進行必須絕對保密的談話，就會在天花板上懸掛一朵玫瑰，提醒出席者不可洩露聚會細節。許多基督教教堂裡的懺悔亭也出於同樣的原因雕刻著玫瑰；同理，十八世紀蘇格蘭的詹姆斯黨叛亂便使用白玫瑰作為派系象徵。直至今日，蘇格蘭政府仍在討論機密問題時使用「sub rosa」的字眼。

在英格蘭，玫瑰——特別是都鐸玫瑰——是英國皇家紋章上的標誌。都鐸玫瑰是白玫瑰和紅玫瑰的組合，分別是金雀花皇室的兩個敵對分支，蘭開斯特王朝和約克王朝的徽章。這兩個王朝是有名的對立，雙方衝突的高潮是一四○○年代的前後三十二場內戰，史上稱為玫瑰戰爭。當兩個王朝終於聯合起來組成都鐸王朝之後，便創造了象徵聯合的都鐸玫瑰。現在仍然有一個玫瑰栽培種稱為約克和蘭開斯特玫瑰，據說是從雙方交戰的戰場上鮮血裡長出來的。

SILK COTTON
Ceiba pentandra

吉貝木棉

看，她的兒子茁壯，長成男人的枝和葉，

老世界樹的粗樹枝，

帶著羞恥的鐵枷和捆綁的鐮刀

從海之彼岸到此岸。

看，我為你失去翅膀的雙腳添上雙翼，直到完成賽跑；

直到沒有祭司的神殿對著失去國王的寶座哭泣，

我們不也隨之消逝？

——阿爾加儂‧查爾斯‧斯溫伯恩（Algernon Charles Swinburne），

〈日出前之歌〉（*Quia Multum Amavit ╱ Songd before Sunrise*）

吉貝木棉
是中美洲最高的樹之一，也
稱為美洲木棉，可以長到兩百
英尺高——僅略矮於某些加州著名的紅杉。對古代馬雅人
來說是聖樹，不可砍伐；他們稱它為「第一棵樹」（Yax Che），同時根據
他們的神話，它象徵宇宙，也是地球的中心。馬雅人視世界為五瓣梅花形，
有四個方向象限和對應於第五個方向的中央空間，吉貝木棉就在這個位
置。與許多神話中的世界之樹一樣，吉貝木棉的樹根據信能向下深入冥界，
開散的樹枝可向上觸及天界（馬雅人相信有十三個天界）。樹幹代表人類
居住的世界，能夠在生命的開始和結束時向上或向下移動。[126]

　　因此，古代馬雅人和現代生活在亞馬遜河沿岸的部落對這種樹的崇敬
也就不足為奇了。除了巍峨的高度之外，它的樹冠寬度可以達到一百四十
英尺——幾乎和高度一樣寬——而且蒴果裡的棉狀絨毛還能紡成纖維，製
成的產品質輕、有彈性、防水，非常適合作為絕緣物質、填充物，還能包
裹吹箭飛鏢達到密封效果，幫助飛鏢藉著管子向前推進。

　　它對當地的生態系統也很有用，因為它在夜間開放的花朵能為夜行性
昆蟲和蝙蝠提供重要的花粉來源。牙買加原住民泰諾斯人（Tainos）相信

---

126 提摩西・諾頓（Timothy Knowlton）和加布莉葉・維爾（Gabrielle Vail），《中美洲的混合宇宙學：重新評估馬雅文化的世界樹》（*Hybrid Cosmologies in Mesoamerica: A Reevaluation of the Yax Cheel Cab, a Maya World Tree*）。

叢林裡住著死者的靈魂歐皮亞（opia）。歐皮亞可以由是否有肚臍這一點識別出來；並且在夜晚出沒，吃番石榴和吉貝木棉花。叢林裡以水果和花為食的蝙蝠被認為是歐皮亞的化身型態。

許多傳說都會將當地在夜間開花的樹木與復仇的生物和女鬼連結在一起，吉貝木棉也不例外。馬雅人認為它的樹幹裡藏著邪惡的女靈（xtabay）。[127]這種樹對馬雅人如此重要，所以人們認為它被惡靈占據的迷信顯得很奇怪，但是這個女靈的名字據信是從馬雅女神伊克斯塔布（Ixtab）演變而來的，她是代表自殺和絞刑架的馬雅女神。在馬雅文化中，自殺被認為是光榮的死法，特別是吊死，以這種方式死亡的人會被伊克斯塔布帶進天堂。

如今，這位邪惡女靈仍然以某些形式存在。蘇庫揚（soucouyant）是海地、路易斯安那和加勒比海地區的住在木棉裡的生物。她在白天以老婦人的形象出現，一等太陽落下，她就褪掉人皮變成火球，隨意進入人家吸乾住戶的鮮血。如同大多數傳說中的吸血生物，她也有計算物品的衝動，可以藉著散布小顆粒物品拖延它的速度或躲避它。但是不像其他以血維生的吸血鬼，蘇庫揚會將血帶回木棉樹，向同樣居住在樹裡的其他惡魔換取好處。人們並不知道這些惡魔如何處置換來的血液，但由於它們的存在，這種樹在千里達及托巴哥群島也被稱為魔鬼堡。

在加勒比海地區，吉貝木棉吸引的是眵皮（duppies）和僵皮（jumbies），兩種於日落之後在大地漫遊的鬼魂。僵皮是永遠惡毒的鬼魂，但是眵皮有時比較溫和；它們的個性取決於生前的人類性格。由於吉貝木棉吸引這些魂靈，砍樹便被視為不吉利，因為這樣做會將魂靈從它的禁錮中釋放出來，給住在附近的人帶來不幸。[128]

---

127 何蘇斯・阿茲寇拉・亞萊霍斯（Jesus Azcorra Alejos），《馬雅傳奇十篇》（*Diez Leyendas Mayas*）。
128 佐拉・尼爾・赫斯頓（Zora Neale Hurston），《告訴我的馬：海地和牙買加的伏都教和生活》（*Tell My Horse: Vodoo and Life in Haiti and Jamaica*）。

SOLANACEAE
Solanaceae spp.
茄科植物

味道不錯，

光滑的球狀，由甜蜜的小溪餵養

在其陰暗的角落。

頭頂和腳底的葉子

緊緊抓住它們，彷彿

它們是羊的心

攫在老鷹爪中。

——聖塔倫的伊本・薩拉（**Ibn Sara of Santarem**），〈茄〉，約

一一二三年

　　本書中有許多茄科親戚的單獨篇章，如毒茄蔘、苦茄、大花曼陀羅，當然還有名聲最糟的顛茄；但是這個科很大，充滿了值得一提的植物。令人驚訝的是，許多上述植物的表親都出現在我們的沙拉和花園裡；但是這些可食用植物的某些部分——通常是葉子和莖——都可能和它們更致命的親戚一樣有毒。

　　茄科的大多數成員都含有茄鹼，小劑量使用可以麻醉，大劑量則會造成抽搐和死亡。拉丁學名中的「Solanum」被認為來自拉丁文「安慰」（solamun），或來自「舒緩」（solare）。古代歐洲治療躁動嬰兒的方法是在搖籃裡放龍葵（*Solanum nigrum*）葉片[129]；某些南美洲民族將醋栗番

---

129 茉德・格里夫，《現代草藥》（*A Modern Herbal*）。

茄（Solanum pimpinellifolium，我們熟悉的人工培育番茄的野生祖先）的葉子浸泡在水中治療失眠。[130]

茄子（AUBERGINE）：*Solanum melongena*

　　茄子最早在西元五四四年左右於中國種植，幾個世紀之後進入世界其他地區，在中東和地中海地區尤其受歡迎。由於它在國際間的快速傳播，如今在世界各地至少有六個完全不同但是為人熟知的名字，最著名的是茄子（aubergine）和蛋茄（eggplant）。茄子是現代的英文稱呼，來自西班牙語「alberengena」（源出阿拉伯語 al-bādhingiān），而美式英文名稱蛋茄出現在一七六七年，具有蛋形果實的白色品種被培育出來之後。

　　拉丁文學名裡的描述字眼「melongena」則起源於它的義大利名「malanzana」，「瘋蘋果」（mela insano）的訛用。雖然葉片中可以發現茄鹼，卻沒有證據顯示吃茄子（果實或植株其他部分）會引起瘋症。但是，茄子卻始終擺脫不了這個綽號。約翰·傑拉德的《大草藥典》裡說道：「毫無疑問，這些蘋果具有不良的特質，應該完全避免食用它們。」一直到十九世紀的現代埃及還有一說是，精神錯亂在夏天茄子結果期

130 麥可·韋納（Michael Weiner），《地球醫學——地球食物：北美印第安人的植物療法、藥物和天然食物》（*Earth medicine – Earth Foods: Plant Remedies, Drugs and Natural Foods of the North American Indians*）。
131 愛德華·威廉·蘭恩（Edward William Lane），《現代埃及禮儀及風俗習慣》（*An Account of the Manners and Customs of the Modern Egyptians*）。

間「更常見而且更猛烈」。[131]

馬鈴薯（POTATO）：*Solanum tuberosum*

馬鈴薯樸實的發跡地是現代的祕魯地區，大約在西元前八千年左右首次種植，已成為世界上許多國家的重要作物。它於一五○○年代在歐洲沿海首度上岸，甚至還在十八世紀有過一段風光時期：瑪麗・安東尼（Marie Antoinette）非常喜歡馬鈴薯花，將它們簪於髮際，馬鈴薯花也就成了法國貴族一股短暫的時尚風潮。到了一八五○年代，馬鈴薯已經成為繼稻子、小麥和玉米之後的世界第四大糧食作物，直至如今。

如同任何廣泛種植的主食，只要有這種不起眼的塊莖生長之處，就會出現大量神祕的故事和怪物。德國曾經採取預防措施防止疫病「馬鈴薯狼」（Kartoffelwolf），據說它躲在土壤中等著來年的馬鈴薯收成時節，先吃掉一半之後再令剩下一半變質。曾有一段時間，德國人認為若是任由馬鈴薯腐爛，它會發出明亮的光，足以讓人借光閱讀。史特拉斯堡軍營的一名軍官報告說，軍官宿舍之所以著火，是因為裝滿陳年馬鈴薯的地窖裡光線過於猛烈。[132]

可是馬鈴薯也和茄科的其他成員一樣，含有茄鹼和另一種稱為卡茄鹼的糖苷生物鹼。野生馬鈴薯中含有的這些毒素濃度足以對人類造成不良效果，但是現代的栽培品種大部分已經將其篩除，只出現在植株和果實的綠色部分。這兩種毒素能影響神經系統，引起頭痛、精神錯亂、消化不良，嚴重時甚至死亡。一般來說煮熟通常能破壞毒性，但是化合物濃度會隨著馬鈴薯成熟而增加，久放的馬鈴薯可以含有高達每公斤一千毫克的茄鹼，是建議的安全攝入量最大值。

132 理查・佛卡德，《植物知識、傳說和詩歌》。

番茄（TOMATO）：*Solanum lycopersicum*

雖然番茄可能常見於廚房裡，這種水果的名聲卻相當可疑。如同馬鈴薯，它起源於南美洲，於十六世紀初來到歐洲；而且和這個家族的其他親戚一樣，葉片和莖含有茄鹼。以葉片泡的茶則造成幾樁有紀錄的死亡案例。[133]

當番茄在一五四〇年左右首度到達歐洲時，整個歐洲大陸正陷於巫術恐慌中。當時引入的番茄品種與我們現在所知的黃色櫻桃番茄相似，在外行人眼中看來，似乎和顛茄或毒茄蔘是類似的植物，兩者都是番茄的親戚。就在那個時期，農民和貴族階層都盛行關於飛行藥膏和讓人變成狼的狼人藥膏故事，或任何關於陌生物體（尤其是從美洲等未知國度進口）的傳說，因此這些物體會瞬間勾起人們的懷疑。

專門獵狼人和巫師的獵人渴望了解敵人，便求助於包含神祕學訊息的古老手稿。許多這些可疑的魔法書籍（比如由最多產的希臘醫學研究者之一佩加蒙的蓋倫〔Galen of Pergamon〕撰寫的論文）將尚未命名或身分不明的植物或動物描述納入內容。這些新奇神祕的美洲進口物品被獵人仔細審查，看它們是否對應於古文本中的任何線索；不幸的是，普通番茄似乎正好符合其中一項描述。

蓋倫的著作中詳細描述了一種植物，寫成 λυκοπέρσιον，整個字裡只有前半段「狼」是人們了解的。音譯為 lycopersion，並在十六世紀被誤錄為「狼桃」（lycopersicon）。蓋倫的描述談到一種生著金色果實的埃及有毒植物，莖上有稜紋，氣味強烈；甚至早在一五六一年就有西班牙和義大利植物學家推測狼桃其實可能就是番茄。雖然行商們知道番茄源於安地斯山脈，而不是埃及，這類具爭議性的植物分類卻很難推翻。就連路易十四的

---

133 D・G・巴塞魯（D. G Barceloux），《馬鈴薯、番茄和茄鹼毒性》（*Potatoes, Tomatoes, and Solanine Toxicity*〔Solanum tuberosum L., Solanum lycopersicum L.〕）

御用植物學家約瑟夫‧皮東‧德‧圖爾內福（Joseph Pitton de Tournefort）也在自己影響甚鉅的著作《植物學原理》（*Elemens de Botanique*）中支持這種誤解，稱番茄為 lycopersicum rubro non striato——無肋的紅色狼桃。

　　番茄在短暫的時期裡具有「毒蘋果」的綽號，因為似乎為數眾多的貴族在吃了它們之後病死。事實上是因為當時貴族使用的盤子大部分都是含鉛量高的錫盤。當酸性的番茄在錫盤上切片時會釋出鉛，導致許多致命的鉛中毒病例。無辜的番茄再一次揹了黑鍋。

STRANGLER FIG
Ficus spp.
絞殺榕

後來他讀到，有些妻子

在床上殺死她們的丈夫，

和愛人整夜歡愉時

丈夫的屍體就坐在地板上：

有些妻子將釘子釘進丈夫的腦袋，

如此在睡夢中被殘殺：

有些在丈夫的飲料裡下毒：

損害比我們想像的還要大。

——傑弗里‧喬叟（**Geoffrey Chaucer**），

〈巴斯夫人〉（***The Wife of Bath's Tale***）

　　榕樹的英文通名也叫「扼殺者無花果」（strangler fig），是一個廣義

的名字，適用於任何以附生方式生長的榕屬植物。附生植物是指一種植物在另一株植物上生長。雖然這個名字已經擴大到其他榕屬植物，但「榕樹」（banyan）這個名字最初是指印度的國樹孟加拉榕（*F. benghalensis*）。「Banyan」來自古吉拉特語（Gujarati）的「商人」（baniya），因為天氣炎熱時，人們經常看見行商在榕樹的樹蔭下休息或擺設攤位。葡萄牙商人將之誤解為專門用於印度教商人的詞，並在一五九九年被英國人採用。到一六〇〇年代初，這些提供樹蔭的樹木開始被英國作家稱為「榕樹」（banyan tree）。

另一個名字「扼殺者無花果」則來自植物的生長模式。榕樹是附生植物，也就是由鳥類傳播的種子經常在其他樹木的樹冠上發芽並開始生長，植株根本不用和地面接觸。它們在向下生長的過程中會用根條形成的籠子將宿主樹吞沒，直到宿主樹窒息死後腐爛，留下空心的榕樹枝網絡，這些枝條最後會變粗成為樹幹。若是很老的榕樹，根系分布的區域大到看起來像是一整片樹林，每一棵都直接連接到主樹幹。

一棵特別壯觀的榕樹植株生長在印度安德拉普拉迪什邦（Andhra Pradesh）的阿南塔浦（Anantapur），在當地被稱為蒂瑪·瑪瑪麗瑪努（Thimmamma Marrimanu，蒂瑪瑪的榕樹）。蒂瑪瑪·瑪麗瑪努已有五百五十多歲了，據信是世界上占地最廣大的樹；它的樹冠超過一萬九千平方公尺，其分支遍及八英畝的土地。根據當地傳說，這棵樹出現於一四三四年，寡婦蒂瑪瑪以娑提（sati）方式自盡，也就是婦女投身於丈夫的葬禮柴堆上獻祭的印度教習俗。她的犧牲使榕樹從火葬柴

堆中生意盎然地長出。

　　巴貝多斯島也以這些樹得名。葡萄牙探險家佩德羅‧厄‧坎普斯（Pedro a Campos）於一五三六年到達該島時看到很多榕樹（*F. citrifolia* 種）沿著海岸生長，懸在樹幹上的氣根就像一大團鬍鬚。他因此將該島命名為羅斯巴貝多斯（Los Barbados）──留著大鬍子的島。

　　印度處處可以看到榕樹，人們深愛它為村落和產業道路提供的樹蔭，在日常生活和印度神話裡同等重要。根據印度教神話，物質世界被描述為一棵根系向上延伸，樹枝向下延伸的榕樹。這株阿斯瓦塔聖樹（Asvattha）就是菩提樹，是真正存在於印度菩提伽耶（Bodh Gaya）的一棵榕樹。釋迦牟尼就是於西元五世紀時在這棵樹下悟道；據說它的葉子是黑天神（Krishna）的休息之處，他在《薄伽梵歌》（*Bhagavat Gita*）裡首次描述了這棵樹：「那裡有一株根向上，樹枝向下的榕樹，吠陀經為其葉。理解此樹者便理解吠陀經。」

　　在菲律賓，榕樹（當地稱為 balete）是精靈地瓦塔（Diwata）的家。地瓦塔的字面意思是「神」，人們請它保佑收成、健康和好運。當西班牙人征服菲律賓時，他們無法理解同時崇拜這麼多有力神靈的概念，並將這些善良的神貶為「精靈」（engkanto，意為迷惑的）──用於涵蓋所有類人的靈，包括水妖、吸血鬼和祖靈。

　　隨著西班牙人而來的是一大堆新的生物，稱為「邪惡的靈魂」（maligno，來自西班牙文「邪惡的」）。這些概念很快就與榕樹的空樹幹連結在一起，當地人從來不直接用手指或提及，因為害怕招來這些生物的注意力（以及隨之而來的惡意）。對於菲律賓維薩亞斯群島（Visayas）的居民來說，這些從西班牙來的外國妖精是「那些不喜歡我們的人」（dili ingon nato）。其中包括「duende」，伊比利亞和西班牙民間傳說中的矮人，

起源於「霸占房子的」（dueño de casa），意指它喜歡在住家裡作怪的本性。

　　島民始終將這些新的西班牙妖精和當地原本的妖精區分開來。據說一種住在榕樹上的當地生物是提巴朗（tikbalang），骨瘦如柴的人形生物，生有馬頭和馬蹄，腿異常地長，所以當它蹲下時膝蓋會超過頭頂。它是典型的惡精靈，守在榕樹幹裡將路過的旅客帶上歧途，或將他們送回同一條路，無論他們得走多遠。[134]如同芬蘭愛惡作劇的梅桑佩多（metsänpeitto），人們可以藉著內外反穿衣服來反制提巴朗，或者大聲請求允許借過。他加祿人（Tagalog）之間流行的傳說敘述提巴朗其實根本不是愛搞蛋的妖精；它是原始世界的守護者，負責讓任何離那個國度大門太近的人轉向。

　　另一種屬於榕樹的更古老生物叫做淘淘莫那（Taotaotaomona），意為「早於歷史的人」，這些無頭的妖精仍然存在於菲律賓東部馬里亞納（Mariana）群島上的查莫洛（Chamorro）傳說中。正如許多其他榕樹裡的妖精，它們很容易被冒犯，並給某人或某地點帶來不幸。它們特有的惡作劇手法包括捏掐、綁架和模仿聲音；有時會附身，使人生病，只有巫醫才能驅除它們。這種妖精對人類的附身類似於歐洲的「鬼病」概念，亦即死者的靈魂可以附在接觸過遺體的人身上。

---

134 伊莎貝蘿・德・洛斯・雷耶斯，《菲律賓民間傳說》（*El Folk-Lore Filipino*）。

STRYCHNINE TREE
Strychnos nux-vomica
馬錢子

後他們在他的杯裡倒馬錢子鹼

顫抖著見他一飲而盡：

他們顫抖著，臉色有如身上的白衫：

他們的毒藥徒然傷害自身。

——Ａ・Ｅ・豪斯，〈什羅普郡少年，六十二首詩〉

　　馬錢子惡名昭彰的毒素是馬錢子鹼，原生於印度和馬來西亞。它也是現存最古老、幾乎沒有任何演變的樹種之一：一九八六年發現了一朵保存在琥珀中的馬錢屬樹木（*S.electricri*）花朵，外觀幾乎與現代樣本相同，並且被認為可以追溯到至少一千五百萬年前。

　　馬錢子大多數的植物毒素存在於種子裡。對中樞神經系統來說是強大的興奮劑，能引起肌肉收縮、劇烈的抽搐，甚至可以使肌肉從骨頭上扯離，使身體扭曲成不可能的姿勢，受害者通常死於筋疲力竭或心臟驟停。這些抽搐也使它得到「微笑毒藥」的暱稱，因為它會將嘴巴拉開成可怕的鬼臉。

　　歷史上，害怕中毒死亡的人透過平日攝入少量常見毒素來建立免疫能力的作法並不少見；米特里達梯就是其中之一，以建立自己的抗毒性而聞名。不幸的是，這種方法對馬錢子鹼無效：重複接觸會使身體對它越來越敏感，也就是說，如果每天服用少量，剛開始相對無害的劑量到了最後卻可能致命。由於這個原因，人們曾一度認為身體不會馬上消化馬錢子鹼，而只是將它儲存在體內，直到達到致命程度時才會死。

　　到了一八一八年，結晶形式的馬錢子鹼才被製造出來，但是在此之前

人類已經使用馬錢樹種子中的毒素數個世紀。以馬錢屬植物的兩個品種 S. tiente 和 S. toxifera 製成的毒藥在爪哇被稱為「Upas Tiente」，在南美洲是「curare」，用於吹鏢、箭頭或矛頭。馬錢子有效的毒素也使得歐洲在十五世紀將其進口作為殺蟲劑，用來對付老鼠、鼴鼠和喜鵲。雖然它對哺乳動物很有效，但當時有人指出應該監控並迅速撲殺中毒的鳥類，因為毒效只會讓牠們昏暈，並且很快就消退。直到一九三四年，它仍然是一般害蟲防治產品，能夠輕易地買到。然後發生了不幸的亞瑟少校死亡事件，被其妻埃瑟兒毒死。他的死因最初是記錄為「癲癇」，或長時間的抽搐：但是當埃瑟兒把剩下的有毒菜餚放在屋外餵鄰居的狗之後，狗也死了。警方在檢查狗屍後發現了馬錢子鹼的痕跡，埃瑟兒因此被判謀殺罪。

　　亞瑟並不是唯一一個中了馬錢毒的人。眾所周知，埃及豔后為了避免受到屋大維的羞辱而結束了自己的生命。她先用奴隸測試不同毒藥的效果，包括莨菪、顛茄、馬錢子等等。但是在目睹馬錢毒素扭曲身體的作用之後，為了確定自己死狀美麗的她最終選擇毒蛇作為自盡手段。

　　馬錢子也是惡名昭彰的連環殺手威廉・帕默（William Palmer）使用的方法，他又被稱為魯吉利毒殺手（Rugeley Poisoner）。雖然帕默只在一八五五年因謀殺他的朋友約翰・庫克而被判死刑，但他也疑似毒死了自己的妻子、五個孩子、弟弟、岳母和另外兩個朋友。在這些人去世時，被認為是死於霍亂、中風、酒精或嬰兒猝死，但是當威廉・帕默終於被判有罪，而他企圖以賄賂換取自由之後，這些人的死因都經過了重新評估。

THORN APPLE
Datura stramonium
洋種白曼陀羅花（醉心花）

他給她濃白的花，帶著深紅的香氣，
晚香玉和曼陀羅永遠燃燒
它們的香氣蒸熏夜晚昏暗的臉。
他對她訴說崇高純粹的文字，
卻用毒藥掃染恍惚的耳朵。
他以低沉的樂音微弱地道別，
令她的眼睛定在多葉的圖畫上，
她徘徊在琥珀色的暮色中
走向昏沉角落裡一座靜止的墳墓。

——喬治·麥當勞（George MacDonald），〈內與外，第五部分〉（*Within and Without, Part V*）

洋種白曼陀羅花有鋸齒狀的葉片和夜間開放、可以長到八英寸直徑的白色花朵，是一種引人注目的植物，在一五五〇年左右作為觀賞用植物引入西方世界之後大受歡迎。雖然以前人們認為這種植株離開美國的時間不可能更早，但它肯定在更早之前於太平洋兩岸流通過，因為它也出現在印度神話中，連英文通名都來自梵文 dhattura，意思是「毒藥」。[135]可能是因為種子很強韌，可以存活長達十年，使洋種白曼陀羅花更容易成功地跨越國界和海洋。

洋種白曼陀羅花的英文也叫刺蘋果（thorn apple，因為它的圓形果實表面生有保護種子的棘刺），與木曼陀羅屬（*brugmansia*）有親戚關係，兩者的外觀非常相似，也都具有毒性。洋種白曼陀羅花身為茄科植物的一員，以能引起昏醉、大笑和瘋狂感覺的能力聞名。光是花的香味就能引起幻覺。它在美國被稱為金森草（Jimsonweed），維吉尼亞州詹姆斯敦鎮的早期定居者於一六七九年在該地定居下來時親身體驗了這些作用。關於此事件的一則較晚期紀錄[136]描述鎮民在這片陌生的新土地上實驗應用各種植物，吃掉洋種白曼陀羅花的葉片之後產生多起發狂事件，最後致死。七十年後，在首次反抗英國的起義中，詹姆斯敦鎮民將它的葉片混入英國士兵的食物中，導致為期十一天的短暫精神錯亂——不過這次很幸運地沒有任何一位士兵死亡。

---

135 R·吉塔（Geeta R Geeta）和 W·加萊貝（W Gharaibeh），《曼陀羅花於哥倫布時期之前存在於舊世界的歷史證據》（*Historical evidence for a pre-Columbian presence of Datura in the Old World*）。
136 羅伯特·貝弗利（Robert Beverley），《維吉尼亞州的歷史及現狀》（*History and Present State of Virginia*）。

一八〇二年，當吸菸仍然是推薦給哮喘患者的緩解方式時，威廉·根特將軍（General William Gent）從興都斯坦（Hindustan）將多刺曼陀羅（D. ferox）的葉子帶回英國，他宣稱當地人同樣用它緩解哮喘。然而，他也警告吸食曼陀羅葉可能引發「逼真的幻象」，其中一些可能會在使用後持續一週之久。這種幻覺效應吸引許多娛樂性吸毒者進行不幸的實驗，其中一個案例描述他們在吸食後失去自主呼吸的能力，並且必須調節自己的呼吸直到發作解除。這很可能是因為過量服用會導致調節呼吸和心臟的自律神經系統衰竭。至於將植株用於占卜目的的情況下——例如加州的優庫特人或科羅拉多州的尤馬人等美洲原住民——數世紀以來的應用使他們對曼陀羅花的作用有適當的理解和尊重；使用劑量是嚴格監控的，過量使用的情況非常少見。

新墨西哥州的祖尼人（Zuni）使用曼陀羅花與死者通話。他們相信這種植物生長在通往祖靈國度的入口，由一對兄妹將它帶到這個世界，他們同時也提供人類豐富的知識。這位兄妹來自冥界，某天，隨著光亮向上走到了地面。他們頭戴著白花，行走地球表面許多年，向地球的人類學習並分享他們所知。有一天，他們遇到了太陽父親的雙胞胎兒子，人稱神聖的雙子。兄妹倆講述了他們的旅行，如何教導人類看到鬼魂、如何入睡以及如何尋找丟失的物品。神聖的雙子認為他們知道太多，便令他們再度沉

入冥界，無法返回地面。唯一剩下的只有他們戴在頭髮上的鮮花，直到今天還在生長，並延續兄妹二人的教導。

曼陀羅花的毒性在海地殭屍的故事裡扮演著有趣的角色。凡是巫毒信仰盛行之處，隨處可見殭屍在麵包店、田間和果園工作，也負責守衛房屋土地；他們在死了之後又被帶回人世當奴隸。僅有叫做波克（bokor）的巫師可以復活殭屍，不勝枚舉的傳說包括整個種植園都是殭屍，或只為了村民的肉體而屠殺整座村莊。[137] 大眾視殭屍為文化的一部分，每年最多有一千件殭屍事件報告。

雖然聽起來出於想像，但殭屍是完全真實的，這都要歸因於當地人對殭屍的接納度極深，相信任何人都能變成殭屍。一九八五年，民族植物學家韋德・戴維斯（Wade Davis）造訪海地，研究波克用來製造殭屍的「殭屍粉」的真相和作用。[138]

殭屍粉中的主要成分是來自河豚的河豚毒素，是非常致命的毒藥。只要小劑量就能致死，而更小劑量能令人進入類似死亡的狀態，身體癱瘓但頭腦清醒；河豚受到威脅時會使自己身體產生同樣的效果。在這種毒素的影響下，受害者會被宣告死亡並且埋葬。波克挖出「屍體」後會餵食曼陀羅花和刺毛黧豆（*Mucuna pruriens*），兩者都會導致幻覺和健忘。在這些物質的作用下，受害者會感覺似從夢境般的昏迷中醒來。

這時，對殭屍化的深厚文化信仰就產生作用了。許多出生在巫毒信仰盛行地區的人相信，一旦變成殭屍之後，想逃脫絕對是徒勞無功的；因此他們的思想會毫不置疑地接受這些改變，使他們更容易屈從於波克。如果給來自不同文化的人服用同樣的藥物，效果不太可能如此完整——雖然毫

---

137 法蘭西斯・赫胥黎（Francis Huxley），《隱形者：海地的伏都教諸神》（*The Invisibles: Vodoo Gods in Haiti*）。
138 韋德・戴維斯，《蛇、彩虹，與黑暗的通道：海地殭屍的民族生物學》（*The Serpent and the Rainbow and Passage of Darkness: The Ethnobiology of the Haitian Zombie*）。

無疑問地仍然會造成身心創傷。

然而，也有殭屍例外逃離了被奴役的狀態，讓我們對整個過程有更完整的理解。一九六二年，一位名叫克萊爾維斯‧納西斯的人因發燒被送進德沙佩勒醫院，三天之後死亡並且下葬了。他在十八年後出現在妹妹家門口，自稱當年被變成殭屍之後被迫與其他殭屍一起在種植園工作。

他記得自己的葬禮，臉頰也因為一根釘進棺材裡的釘子而留下疤痕。大約在他再度出現的同時，也有其他幾個人講述相同的故事，描述自己如何在主人死後設法逃脫。由於殭屍粉的致幻效果持續不到一天，需要定期重新施用以維持殭屍化狀態，種植莊園主人的死很可能就是咒語失效的原因。

曼陀羅花因其控制精神的能力，也在世界其他地方受到矚目。十七世紀來自歐洲的醫學報告聲稱，當吞下曼陀羅花的種子時，會「使人心墮落迷醉，你甚至能在他面前做出任何事，根本不用擔心他隔天是否會想起這些行為。這種瘋狂會持續二十四小時，而你可以任意要他做你想的事情；他什麼都不會留意，什麼都不理解，而且在隔天會一無所知」。[139]這種效果與海地使用的效果相當類似。

曼陀羅亞種（*D. alba*）被印度圖基教（Thugs）用於類似目的，他們是由專業小偷和刺客組成的印度教派，奉濕婆（Shiva）和迦梨（Kali）為神聖的護佑者，並將曼陀羅獻給迦梨。他們在搶劫旅行者之前會給受害者吃放了曼陀羅種子的咖哩（咖哩是為了蓋過苦味）。一則一八八三年的搶案記錄如下：

專業的印度毒師巴薩伍‧辛格吃了一些下了毒的食物來消除對方的

---

139 彼得‧海寧（Peter Haining），《術士之書：古代魔典中的黑魔法祕密》（*The Warlock's Book: Secrets of Black Magic from the Ancient Grimoires*）。

懷疑。當他的受害者失去知覺之後，他將他們洗劫一空。受害者醒過來並向警方報案，在一英里外發現盜匪，完全失去知覺——而且再也沒恢復意識。所有被盜的財物都被追回，同時還有剩餘的種子。[140]

TSUBAKI
Camellia japonica
山茶花

冰冷的山茶花，只有僵硬和潔白，

如玫瑰沒了香味，百合失了優雅，

當寒冷的冬天露出冰冷的面貌，

為徒然尋求愉悅的世界綻開。

——奧諾雷·德·巴爾札克（Honore de Balzac），〈山茶花〉（*The Camellia*）

山茶花（*Camellia japonica*）最為人知的名字是普通山茶或日本山茶（或日語中的「椿」），是山茶屬裡最受歡迎和最著名的花種。這些受歡迎的觀賞用植物最初來自東亞和南亞，但現在在全世界廣為種植和培育。山茶花是原始的野生變種之一，主要生長在山林中。它通常在一月到三月之間下雪時節開花，被稱為「冬天的玫瑰」。

深受日本人喜愛的山茶花，數百年來在儀式和藝術中都是焦點。它

---

140 阿爾弗雷德·泰勒（Alfred Taylor），《法醫學原理與實踐》（*Principles and Practice of Medical Jurisprudence*）

受到位高權重人士的喜愛，如第二代幕府將軍德川秀忠，種植或穿戴山茶花變成了身分的象徵；種植馴化的新品種也成了江戶時代（一六○三至一八六八年）最流行的消遣。日本最古老的神社之一「椿大神社」便以山茶花命名；此神社建於西元前三年，至今仍在使用。

　　色深、質地堅硬的山茶木也被認為是美麗的材料，一九六一年在福井縣的考古發掘中發現由山茶木製成的梳子和斧柄，可以追溯至五千年前。傳說中的景行天皇在西元七十一至一三○年間統治日本，據說他以山茶木製成的槌子擊殺敵人，從未失手過。

　　山茶花與戰士的聯繫隨著武士道的興起而延續。武士以喜歡櫻花而聞名，他們轉瞬即逝的生命彷彿和櫻花美麗卻短暫的壽命相輝映；但是山茶花也經常代表武士，原因類似卻更殘酷：常青的山茶花樹不像慢慢凋謝的櫻花樹那樣逐漸失去花朵，而是突然間重重地掉落，如同在戰鬥中被砍下的頭顱那般墜落。因此，山茶花在日本與死亡具有長久的關聯。這種關聯反映在「花言葉」，維多利亞時代花語的日本版：山茶花代表「優雅地消亡」，和高貴的死亡。

　　日本的普遍信仰是，當某物（通常是沒有感知的物體）到了老年就會發展出自己的靈並成為妖怪。如果它在一生中受到虐待，就會變得充滿報復心態，懲罰那些虐待它的人。山茶花變成的靈叫做「古山茶之靈」，秋田縣的蚶滿寺就住著這樣一隻妖怪，寺內一棵七百年歲的山茶被稱為「夜泣椿」。傳說很久以前有位僧侶聽見山茶樹上傳來悲傷而孤獨的聲音，幾天後，蚶滿寺便遭到一場災難。每當寺內即將發生壞事時，山茶樹就會在前一天啼哭，警告寺內人等即將有危險到來。

UPAS TREE
Antiaris toxicaria
箭毒木

可是一個人卻將另一個人派去
實現致命的欲望，只消一個眼神
那人便從命，奔赴任務
急忙帶回毒膠：
死亡的樹液，帶蠟的樹枝
乾燥的樹葉。冷汗
淌下他灰黃的額頭
像冰冷的溪流

他將它帶回，跟蹌倒地，

俯在帳前領取賞賜：

可憐奴隸死在座前

刀槍不入的主人腳邊

——亞歷山大·普希金（Alexander Pushkin）；

〈優帕斯樹〉（*The Upas Tree*）

「Upas」這個字在爪哇語中是「毒藥」的意思，因此英文通名是優帕斯樹（upastree）的箭毒木肯定是有毒的。歷史上有兩種完全不同的植物被稱為優帕斯：第一個是箭毒木（*Antiaris toxicaria*），也被稱為安查樹（anchar），能夠長到一百英尺高；第二個是切提克（chetik）[141]，一種原生於爪哇的匍匐性灌木，能產生「少量而有害的毒藥」。[142]儘管許多植物學家在討論優帕斯樹時指的是切提克，也有許多關於其生物學上的描述，但是切提克樹從來沒有任何拉丁學名紀錄，它似乎已經絕種了。

雖然安查樹和切提克樹確實有毒，卻無法與有名的虛構優帕斯樹相提並論，後者名氣甚至壓過了真正的箭毒樹。在十七和十八世紀，博物學家和作家們開始自由地旅行到歐洲人剛開始移居的新國度，關於各種新事物奇異又美妙的故事，多半充滿浪漫的戲劇性和出於藝術角度的誇飾——箭毒樹也不例外。最有名的是約翰·尼可斯·福爾施（John Nichols Foersch）在一七七三年的紀錄，將箭毒樹譽為世界上最毒的樹。

福爾施聲稱這棵樹釋放出的氣體極端致命，所以在它方圓十五英里內沒有任何生命跡象，只剩下乾燥貧瘠的土地，連鳥都避免飛越過它。然而

---

141 湯瑪斯·史丹佛·萊佛士爵士（Sir Thomas Stamford Raffles），《爪哇的歷史》（*The History of Java*）。
142《印度群島的歷史》（*History of the Indian Archipelago*），《愛丁堡雜誌和文學雜記》第八十六卷（*The Edinburgh Magazine and Literary Miscellany, Volume 86*）。

它產生的毒藥非常有價值，皇帝仍然下令採收——任何接近樹的人都必須逆風而行，並且穿戴皮手套和綴有玻璃眼孔的皮頭套，才有活命機會。被派去執行任務的人通常是罪犯，激勵他們的承諾往往是若能夠在採集毒液之後倖存下來，死罪就會被赦免。然而，根據福爾施和向他展示這一奇觀的神父，常人存活率通常只有十分之一。

俄羅斯著名詩人亞歷山大‧普希金的〈優帕斯樹〉詩作也講述了同一個故事的改編版本。在這個版本裡，優帕斯樹生長在「狂野而貧瘠」的沙漠中，正午時分融化了它的毒液，濕漉漉的水珠從樹幹上流下來。與福爾施的原始故事相同的是，植株周圍的空氣充滿了毒藥，動物和鳥類都不願靠近它；但是奴隸被主人強迫冒著生命危險收集寶貴的毒液。

任何樹都不可能有這麼可怕的名聲，不過真正的優帕斯樹毒液確實有其致命效果。人們曾經討論過福爾施報告背後是否有其真實性；有些人說他親眼見到的那棵樹可能利用相剋作用清理周遭土地，也就是分泌化學物質殺死鄰近的競爭對手。這種行為在植物界並不少見：蘆葦草（*Phragmites australis*）使用酸殺死附近其他植物的根部，而桉樹分泌的某種油在炎熱的天氣裡會滲入地下，防止競爭種子發芽。然而，福爾施聲稱的方圓十五英里確實是誇大之詞；雖然一八三七年時，W‧H‧塞克斯（W.H. Sykes）認為那片土地上的有毒煙霧和貧瘠狀態可能是火山氣體導致的結果，藉著酸蝕或窒息作用合理地殺死區域內的植物。無論哪種方式，我們幾乎可以肯定有毒的氣體並非來自箭毒木。

VIOLET
Viola spp.
菫菜

百合獻給新婚之床

玫瑰戴在主婦頭上

菫菜悼念少女夭亡

——珀西·雪萊（Percy Shelley），〈悼念〉（*Remembrance*）

　　菫菜是可食用的小型野花，因其顏色和氣味而備受推崇。它們主要生長在北半球，但是也見於夏威夷和安地斯山脈，被培育成我們現在稱之為三色菫的馴化品種。這些花受歡迎的原因可能是因為甜美的香氣，但常見的傳說也警告我們，這股香氣只聞得到一次。雖說不能盡信字面意思，但

這個傳說裡有一點是真實的：使植株產生香甜氣味的香菫酮能使嗅覺受體癱瘓一段時間。

菫菜的屬名「Viola」及其衍生的常見通名來自希臘沼澤仙女愛昂（Ione，拉丁名是維歐拉〔Viola〕），不幸被宙斯看上的對象。以婚外情聞名的宙斯將愛昂變成一頭白母牛避免妻子赫拉的注意。但是愛昂對這種轉變感到絕望，並且意識到必須一輩子吃草，開始哭了起來。宙斯出於憐憫將草變成菫菜，讓她有更甜美的食物可吃。

在希臘和羅馬文學中，菫菜與哀悼和死亡密切相關——這種象徵意義持續至今日。人們通常將菫菜散布在墳墓周圍，尤其是兒童的，而且長得又厚又密，甚至常常完全覆蓋住墳墓。在二十世紀初，喪服還盛行的時候，菫色是繼全黑喪服之後半喪期的服裝顏色之一。這種關聯可能來自珀耳塞福涅和她被黑帝斯帶入冥界的悲痛；她被擄走時正在採菫菜，那是她困於冥界時最想念的植物。

就連拿破崙也喜歡菫菜，因為他的妻子約瑟芬在他們第一次見面時給了他一束菫菜；他也用菫菜表達對她死亡的哀悼。拿破崙在流放聖赫勒拿島之前只被允許造訪她的墓一次，發現她墳墓上長有菫菜，便採了幾朵放在小鍊墜裡，在他死後被發現戴在他身上。甚至在此之前，他的部下就在他被流放厄爾巴島期間使用紫羅蘭作為忠實支持者的信物。支持者會問陌生人：「你喜歡菫菜嗎？」如果答案是「喜歡」或「不喜歡」，這個人顯然並未參與拿破崙復辟的陰謀；

但假如回答是「這個嘛……」，就表示此人是忠實支持者。

嬉樂節（Hilaria）的意思是「歡樂」，是希臘羅馬時代於三月舉行的慶祝活動，紀念庫柏勒（Cybele）和阿提斯（Attis）神。這兩位神祇的故事極富戲劇性，描述阿提斯的暴死和重生（在其他地中海盆地的諸信仰中重生為奧西里斯〔Osiris〕、塔木茲〔Tammuz〕和阿當尼斯）。在一系列事件發生後，庫柏勒將阿提斯逼瘋，阿提斯自宮並自盡於一棵松樹下，宙斯使他復活成為神。嬉樂節旨在慶祝理想的死亡、哀悼和重生，人們砍下一棵松樹置於祭祀庫柏勒的廟裡，以菫花花環象徵阿提斯悲慘的死亡。然後，新進的庫柏勒廟僧侶會在松樹底下的儀式上重現場景，閹割自己作為犧牲。

離希羅地區很遠的地方也找得到菫菜與死亡的聯繫。在立陶宛民間傳說中，菫菜屬於黑暗和冥界之神迫克里烏斯（Poklius）。[143]同樣地，普魯士的死神帕圖拉斯（Patulas）也經常戴著菫菜花環；據說他在晚上戴著菫菜花冠出現，用死人的頭或馬頭代替自己的頭。

---

143 喬納斯‧拉瑟基斯（Jonas Lasickis），《關於薩莫吉希亞、薩爾馬提亞諸神和基督教假神》（*Concerning the Gods of Samogitians, other Sarmatian and False Christian Gods*）。

WALNUT
Juglans regia
普通胡桃

古老的大理石上，我們看見過往的圖案，

歲月幾乎完全毀壞

情人們在每棵樹上的雕刻。

最高的房間變成地窖

當舊屋椽倒塌時，被蜘蛛和蝸牛的

毒液和泡沫玷汙；煙囪裡的常春藤

被核桃樹遮蔽。

——凱瑟琳·菲利浦斯（**Katherine Philips**），

〈聖阿蒙的孤獨〉（***La Solitude de St. Amant**）

胡桃樹在北半球和南半球都能生長良好，因形似人腦的堅果和光滑、緻密的木材而聞名，並且備受讚譽。世界上大多數的胡桃種植於美國加州，並應用於全球數十個行業。果實外殼能製作出深黃棕色的染料，在織品和木材行業很受歡迎，塑膠工業也使用由胡桃殼製成的粉末，甚至作為炸藥的填充物！

胡桃樹的外觀很吸引人，因此常見於公園和大型花園，而且可以在這些地方輕鬆快速地生長。但儘管它很受歡迎，卻不是英語世界的原生樹種。線索就在名字裡：它在古英語中被稱為「wealhnut」，「wealh」的意思是「外國」。然而，自從它被早期羅馬人從原生地伊朗引進歐洲大部分地區之後，便持續在其他國度生長。

胡桃樹本身無毒，但對生長在它附近的植物有害。透過植物的相剋作用——也就是一種植物對另一種植物下毒——它可以阻礙和殺死某些試著在它樹幹方圓五十英尺內生長的植物（卻不妨礙其他並不對胡桃構成威脅的植物）。相剋作用並非胡桃獨有的能力，其他植物各有不同手法；有些用酸殺死競爭對手；而其他則依靠富含化學物質的油來抑制根系生長。胡桃使用的是叫做胡桃酮的化合物，能剝奪植物新陳代謝的能力，終致餓死。

很長一段時間以來，人們認為人類可能因為胡桃反社會的「壞脾氣」而遭殃。羅馬人認為胡桃樹的陰影特別可怕，可能會致命；在英格蘭蘇塞克斯仍然有相同看法的較晚期版本：人們認為坐在胡桃下或睡覺會導致發瘋甚至死亡。在阿爾巴尼亞，據說當一棵胡桃樹太老無法結果時，會被叫做阿艾利柯（aerico）的生物占據，它是最早來自希臘的致病惡魔。

大倫敦區托特南姆（Tottenham）的七姊妹路，以生長在佩吉格林（Page Green）公園附近的七棵榆樹為名，首次記錄於一六一九年。在這片小樹林中心有一棵胡桃樹，幾份出版物說到它天天蓬勃向上生長，但從未長得更粗。[144]姊妹樹背後的傳說各有不同，但最受歡迎的版本之一是：這些樹是

由八位姊妹種的，最小
的妹妹在中心種了一棵榆樹。當她被控施用巫術而被燒
死後，榆樹也隨之死亡，胡桃樹則在原來榆樹的位置長了出來。如今這些
原始的樹都不存在了，胡桃樹於一七九〇年死亡，榆樹在一八〇〇年代中
葉緊隨其後死亡，但是在一九九六年被一圈鵝耳櫪取代，每一棵分別由擁
有七位姊妹的家庭種植。

　　紀錄中名聲最壞的胡桃樹可能是貝內文托（Benevento）的胡桃樹，
據說是魔鬼和手下的女巫出沒之處。這個故事的背景主角是聖巴巴圖斯
（Saint Barbatus），他是一位在西元六百年代後期服務於教區的神父。他
的驅魔手法十分有效，因此被派到貝內文托負責皈依民眾，那些人崇拜一
株樹幹上出現蛇形圖案的胡桃樹。在說服民眾放棄異教崇拜之後，巴巴圖
斯將樹連根拔起，魔鬼以一條蛇的形體出現，從樹根底下溜走。雖然當初
生長胡桃樹的中庭在今日已經空空如也了，傳說每當魔鬼召集安息日聚會
時，一棵與原始版本一樣高大的胡桃樹幻影仍會出現在同一個位置。

---

144 威廉‧貝德維爾（Wilhelm Bedwell），《托特南姆史略》（*Brief History of Tottenham*）。

WILLOW
Salix spp.
柳

在我的靈車上安放

憂鬱的紫杉花環

女僕們，柳樹的

枝條承受著哀傷；

我死得真實。

我的愛雖虛假，

但意志堅定

從我出生的那一刻起。

在我埋葬的身體上

輕輕撒下鬆軟的土。

——法蘭西斯·博蒙特（Francis Beaumont）和約翰·弗萊徹（John Fletcher），〈放一個花環〉（Lay a Garland），來自《女僕的悲劇》（*The Maid's Tragedy*）

　　在沼澤邊緣、河流沿岸或幽暗的湖邊，柳樹憂傷的身影是我們熟悉的景象。這些偉岸、枝葉垂墜的龐然大物能在濕地和潮濕的環境中茁壯，許多關於它們的傳說都和它們悲傷而詩意的哀悼外型有關。年輕時，樹幹被粗大樹枝的重量壓彎，成熟植株長出的巨大樹枝則向地面傾俯，像是正在哀悼的人。日本的愛努人（Ainu）賦予它更人性化的描述：他們相信人的脊椎最初是由一根柳條組成的。每當有孩子出生，愛努人就種下一棵柳樹，孩子將在一生中持續拜訪這位屬於自己的監護柳樹，給它喝啤酒和清酒以

換取長壽。[145]

柳樹雖然看起來美麗而溫和，在某些
情況下卻能致命。它的樹皮含有水楊酸，
是止痛藥的主要成分，但酸的強度可能因
為陽光、雨水和土壤品質而有很大不同。水
楊酸的量過大時會稀釋血液，引起大量出血。

柳樹生長的土地常常令人毛骨悚然，尤其是在霧
濛濛的早晨或漆黑的夜晚；此外，下垂的樹枝和細長的
葉子被風撥動時也能發出特殊的低語聲。長久以來的傳說
敘述當柳樹周遭沒有人時，它們會彼此竊竊私語；所以不
要在它們附近講任何祕密！在捷克，無法保守祕密的人通
常被稱為「空心柳」。

柳葉的彎曲特性使其易於繫結，因此繩結魔法就成為柳樹的特色。在
愛爾蘭，人們可以邊向柳樹祝禱許願，邊在樹枝上打鬆鬆的結。一旦願望
實現之後，當事人便會回來解開這個結。德國黑森州（Hesse）的傳說是，
在柳樹枝上打結會給目標受害者帶來致命的詛咒[146]；但是英格蘭人則在年
輕的柳樹上打結，放棄不想要的洗禮。[147]這種繩結魔法通常使用繩索，而
且可以追溯到早期埃及和希臘水手用繩結束縛風的傳統。繩結魔法通常用
到三個結：解開第一個結會釋放溫和的西南風；第二個是強勁的北風；解
開第三個結將釋放暴風雨。

與柳樹有關的各種故事，將它和生長的濕地中縈繞不去的鬼魂及超自

---

145 約翰·巴徹勒（John Batchelor），《愛努人與其民間傳說》（*The Ainu and their Folklore*）。
146 西塞爾頓·戴爾（Thiselton Dyer），《植物的民間傳說》（*The Folk-Lore of Plants*）。
147 科拉·琳·丹尼爾斯（Cora Linn Daniels）和查爾斯·麥克里蘭·史蒂文斯（Charles McClellan Stevens），《環
　　球迷信、民間傳說和超自然科學百科全書，第二卷》（*Encyclopaedia of Superstitions, Folklore, and the Occult
　　Sciences of the World*, Vol 2）。

然生物聯繫在一起。其中一個生物就是魯薩奇（russalki），生活在沉積島或河岸灌木叢中的斯拉夫水澤精靈。一個故事敘述某個魯薩奇白天與人類一同生活，但是晚上一定會回到她的柳樹裡。她嫁給人類，為人類生了孩子，一家人幸福地生活在一起；然而丈夫某天不小心砍倒魯薩奇的柳樹，她也立刻就死了。但是她漸漸長大的兒子仍然能夠藉由她的柳樹製成的笛子和她溝通。

並不是只有這則傳說將柳樹和音樂聯繫起來。古老的愛爾蘭信仰認為柳樹的靈魂能透過音樂說話，許多古老的愛爾蘭豎琴是由柳木製成。據說這些樂器的音樂能激發無法克制的跳舞衝動。根據基督教聖經（詩篇137），柳枝原本是直立的，但是巴比倫的猶太人將豎琴掛在柳樹上，使它們永遠向下垂。即使是奧斐斯（Orpheus）也在厄運作祟的冥界之旅中帶著柳條，為了向繆思致意，因為對包括他自己在內的詩人來說，繆思是神聖的；《神譜》（*The Theogeny*）中將繆思們稱為赫利孔山繆斯（Heliconian muses），衍生於柳樹水澤仙子赫利西（Helice）。

然而，圍繞柳樹的傳說中最重要的是它和死亡概念之間的連結。亞洲的柳樹生長繁茂，由於它在葬禮中的作用而被認為是受人尊敬的葬禮樹種。在中國，代表純潔的柳條被放在墳墓和棺材上，

死者的安葬處附近通常也種植柳樹。據說死者會在早春時期的清明節歸來，人們便將細柳枝掛在門口，趨避不受歡迎或不安的魂魄。在日本，據說鬼魂受到柳樹林吸引，經常出現在它們附近。

垂柳在英格蘭是維多利亞時代的哀悼卡片上流行的圖案，或作為墓地裝飾。至於柳木椿又有不同的用途——短而尖的木椿專門用於殺人犯和叛徒，在他們死後插穿屍體阻止憤怒的靈魂回來困擾生者。直到一八〇〇年代，在諾福克（Norfolk）都還有一棵大柳樹，據說就是從這種柳樹椿長出的。同樣地，柳樹在希臘有一個更黑暗的角色：傑森在尋找金羊毛的旅途

中於科爾基斯島上遇到一片獻給巫術女神喀耳剋的柳樹林。由於懸掛其樹枝上的屍體重量，這些葬禮柳樹垂得比尋常柳樹更低。

WINGED CALABASH
Crescentia alata
十字架樹

「啊！這棵樹的果子是什麼？這株樹長出的果實好吃嗎？我不會死。我
也不會迷失。如果我摘下一顆，會被聽見嗎？」少女問道。

樹間的骷髏說：

「妳到底想要什麼？它只是一個頭骨，放在樹枝之間。」溫納布的頭說。

——《波波烏》（*The Popul Vuh*），艾倫·J·克里斯騰森（*Allen J. Christenson*）翻譯

　　十字架樹是小型的夜間開花樹，原生於中美洲。花很小，像乾樹皮一樣直接從樹幹上長出來；只在晚上開花，散發出腐肉的氣味吸引夜行性昆蟲和蝙蝠。果實也直接長自樹幹，這種型態稱為莖生花。堅硬如砲彈般的蒲瓜狀果實難以敲破，是一種防禦機制，被認為是因應很久以前棲息在該地區食用種子的巨型動物而演化出來的結果。然而，現在這些大型動物已經滅絕，防禦策略適得其反，因為除非果實的殼被打開，否則種子不能發芽——而在其生長範圍內並沒有本土動物具有打開果實的功能。馴化的馬卻能用蹄子將果實壓碎，可能因此延續了十字架樹的生存。

　　人類採收十字架樹的果實加以應用，通常作為碗、儲存容器和裝飾性小盒。加勒比海的泰諾人（Taíno）也拿來獵捕鳥類：他們在挖空的果實上

切出眼孔，當獵人
進入河流或海洋時戴在頭上。鳥類不害怕漂浮
的果實，使得獵人能夠接近獵物，將其拖到水面下卻不
打擾其他鳥群成員。

　　《波波烏》（議會之書）中描述了十字架樹果實的起源。這本手稿是
在一五〇〇年由不知名的基切馬雅（Quiché-Maya）貴族成員撰寫，記錄了
數百年來口耳相傳的傳說。十字架樹果實的故事描述第一代英雄雙胞胎溫
溫納布（Hun-Hunahpú）和卜古溫納布（Vucub-Hunahpú）的事蹟，以及
希巴巴（Xibalba，馬雅冥界）的眾神如何騙他們輸掉一場球賽。眾神隨後
將溫溫納布斬首，並將他的頭顱掛在十字架樹的樹梢，看來像溫溫納布頭
顱的果實便開始自從未長出果實的樹幹上生出。這個故事可能是用來解釋
樹木的腐爛氣味和頭顱形的果實。在故事中，後來希巴巴王「聚集之血」
的女兒和樹上的頭顱交談，並懷了下一代的雙胞胎英雄。這些手足們最後
擊潰了希巴巴諸王，並尋回父親和叔叔的遺體。

　　馬雅人並非唯一將樹木果實與人頭相比的族群。椰子（Cocos
nucifera）有一個中文名字是「越王頭」，傳說越王醉酒後被刺客斬首，掛
在棕櫚樹上的頭變成一顆殼上有眼睛的椰子。活人獻祭儀式在生長椰子的

太平洋島嶼上曾經很常見，但是隨著印度教的傳入和毋害（ahimsa）的非暴力作法，這種習俗已經被淘汰了。椰子與頭顱的相似性使它成為替代活人的祭品。

WISTERIA
Wisteria spp.
紫藤

房舍門邊，

有甜美的紫藤，

院子裡的老橡樹上，

攀緣的常春藤纏繞。

那裡矗立著陰森森的古老法院，

還有骯髒的牢房，

教堂上的老城鐘

告訴我們轉瞬即逝的時光。

接下來我到了老城墓地

悄悄步入，

在長滿青草的墳墓上流下一滴淚

墓裡安詳沉睡的死者。

——約瑟芬・德爾芬・韓德森・赫德，〈回顧〉（*Retrospect*）

很少有比成熟的紫藤植株盛放花朵更美的景色了。這些木質的攀爬藤蔓是老牆壁和房屋正面受歡迎的嬌客，並且可以快速生長，覆蓋大片表面。

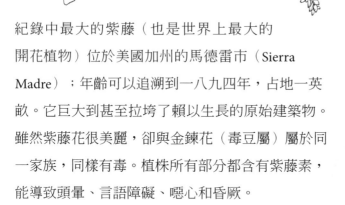

紀錄中最大的紫藤（也是世界上最大的
開花植物）位於美國加州的馬德雷市（Sierra
Madre）；年齡可以追溯到一八九四年，占地一英
畝。它巨大到甚至拉垮了賴以生長的原始建築物。
雖然紫藤花很美麗，卻與金鍊花（毒豆屬）屬於同
一家族，同樣有毒。植株所有部分都含有紫藤素，
能導致頭暈、言語障礙、噁心和昏厥。

　　紫藤嬌嫩的紫色花朵在東亞尤其受到推崇，
它是日本和服和髮簪上代表春天的流行圖案；紫
藤花也曾經與貴族連結在一起，因為平民服裝禁
止紫色。它還是家紋（類似歐洲的紋章）上流行
的圖案；因為紫藤的日文名字藤（fuji）意思是「永
生不朽」。

　　韓國的野生紫藤通常生長在朴樹（Celtis
jessoensis）上，藤樹的傳說（Deungnamu）解
釋了兩者的關係。新羅國（存在於西元五十七至
九三五年的國家）有一對姊妹，愛上了同一位花
郎軍裡的花郎武人。當武人被召募上戰場時，兩
姊妹不約而同在他出發前一晚去探望他，打了照面
之後才了解彼此愛的是同一個人。她們無法放棄他，
卻也不願毀掉姊妹之情，便跳進池塘裡自盡，並在死後變成一棵
紫藤樹，兩人的身軀緊緊纏繞在一起。武人從戰場上回來之後得

知這件事，也跟著姊妹投水自盡變成朴樹，三人永遠廝守不分離。

WOLFSBANE
Aconitum napellus
烏頭

烏頭的效用幾乎少有界定，

亦即傷害同樣無法盡述。

——約翰・傑拉德，《大草藥典》

　　烏頭致命的性質非常有名。它也叫「僧侶兜帽」，因為花的形狀有點像英國僧侶的兜帽；然而，毒狼草（wolfsbane）可能是它更古老的名字，因為在更早期時就有盎格魯撒克遜字「wulf-bana」。[148]比較詩意的名字則是「毒藥女王」，是非常受歡迎的殺人工具。拉丁學名來自阿恐提克斯山丘（Aconitus），羅馬人聲稱赫丘里斯在搏鬥時將冥界守護犬喀耳柏洛斯拖到此處。生有三個頭的守護犬唾液滴落地面之處，就冒出了烏頭。

　　烏頭的英文通名「狼毒」很可能追溯到它作為殺蟲劑的歷史功用，人類用植株汁液汙染肉類，讓狼和豹子等捕食牲畜的野獸食用。

　　日本的愛努人在獵熊時會於武器上塗抹烏頭汁液，阿拉斯加的阿留申人將其用於捕鯨；單槍匹馬的男人乘坐獨木舟、手持尖端染毒的魚叉，便能癱瘓一頭鯨魚，進而淹死。

---

148 菲利普・米勒（Philip Miller），《園丁詞典：最佳和最新的栽培方法，以及改善廚房、水果、花園和苗圃的技巧》（*The Gardeners Dictionary: Containing the Best and Newest Methods of Cultivating and Improving the Kitchen, Fruit, Flower Garden, and Nursery*）。

這種植物的每個部分都致命，攝入之後二到六小時就會死亡。最初的徵狀發生於腸胃道，然後像是有螞蟻在皮膚下爬行的感覺，嘴巴和臉部麻木，虛弱感明顯。死亡來自於心臟和肺部癱瘓，最後導致窒息。一八五六年蘇格蘭丁沃爾（Dingwall）附近的修道院居民對這種植物的毒性有切身的體驗：其中一位僕從將烏頭誤認為是辣根，將其根磨碎成醬汁。兩位僧侶因此死亡，其他人僥倖康復。古希臘醫生克羅豐的尼坎德（Nicander of Colophon）在《毒與解毒劑》（*Alexipharmaca*）中描述中毒的感覺：

服用烏頭時，飲用者的下巴和上顎以及牙齦會因苦澀味而收縮，因此苦澀味縈繞胸口上方久久不散，胃灼熱能以強烈的扼噎感擊倒飲用者。腹部頂部產生劇痛……同時，眼淚自眼睛大量湧出；腹部疼痛令飲用者喘不過氣，大部分疼痛位於肚臍下方；頭部感到沉重，太陽穴下方發生急促的跳動，眼睛見到雙重影像。

地中海盆地很容易發現野生烏頭，因此，希臘人和羅馬人可以為了邪惡的用途自由取得植株。奧維德（Ovid）稱之為「婆婆的毒藥」，適切地呼應瓦拉弗里德·斯特拉博（Walafrid Strabo）於近八百年後在《小花園》（*Hortulus*）裡的建議，「如果你發現自己被後母下毒，苦薄荷就會是烏頭的理想解毒劑。」在羅馬，烏頭被用於鴻門宴毒殺案的頻率如此高，以至於圖拉真皇帝（Emperor Trajan）在西元一一七年規定在城牆內種植烏頭是死罪。

無論烏頭生長在哪裡，都與死亡、重生和透過巫術變形有關。在希臘羅馬神話中，它決定了挑戰雅典娜（又叫密涅瓦〔Minerva〕）編織技藝的阿剌克涅（Arachne）的命運。雅典娜看出來阿剌克涅的編織技巧比自己更勝一籌，一怒之下向她扔烏頭，把她變成蜘蛛。

另一個不足為奇的關聯是烏頭和狼人的故事。正如它能用來毒死捕食的狼，據說烏頭可以趕走狼人，或者阻止他們變身。[149]然而，它也會使在滿月時觸摸它的人變成狼。

---

149 伊恩・伍瓦德（Ian Woodward），《狼人幻覺》（*The Werewolf Delusion*）。

YEW
Taxus baccata
歐洲紅豆杉

老杉樹，緊抓著墓碑

刻著地下死者的名字，

你的纖維網住了無夢的腦袋，你的根條纏繞在骨頭上。

凝視著你，陰沉的樹，

為你頑固的毅力感到噁心，

我感到自己漸漸失去血氣

越來越融入你。

——阿爾弗雷德・丁尼生男爵（**Alfred Lord Tennyson**），

〈悼念〉（***In Memoriam***）

如果你曾經走過基督教墓地，便很有可能看見那裡生長著歐洲紅豆杉。它們黑暗濃密的葉叢配上鮮紅色的漿果，聳立在歐洲大陸的墓地上方，是最長壽的樹種之一——也因此使它們成為永生和復活的代名詞。許多歐洲紅豆杉植株壽命至少有兩千年，據說珀斯郡（Perthshire）的福廷格爾紅豆杉（Fortingall Yew）已經生存了大約九千年。歐洲紅豆杉的年齡很難準確判定；隨著它的生長，樹枝最終會向下彎曲，一旦樹枝接觸到地面，就會長出一根屬於原始植株的新樹幹，會在原始樹幹腐朽時取而代之。透過這種方式，我們可以說這種樹確實是永生不朽的。在愛爾蘭歐格姆日曆（Ogham）中，歐洲紅豆杉代表「新的一年從舊年中誕生，新的靈魂以新鮮的形體從古老的根裡萌發」。[150]

雖然歐洲紅豆杉在基督教的教堂墓地中最為普遍，將其種植在墓地的習俗卻遠早於基督教。這個習俗最初始於古埃及，後來由希臘人採用，然後是羅馬人，最後傳給布利吞人（Britons）。甚至在羅馬人將其引入不列顛群島之前，愛爾蘭的凱爾特人便已經視它為受人尊敬的哀悼之樹了：他們相信紅豆杉樹的細根會從死者的眼睛裡長出來，阻止他們看見現實世界進而嚮往前世。布列塔尼也有類似的概念，認為生長的樹根會穿過嘴巴，釋放靈魂以進行下一次重生。其實這種迷信的產生很容易理解；纖細的樹根能輕易穿過和繞著古老的骨頭蔓延，正如一九九〇年的那次事件：英格蘭漢普郡一棵年老的歐洲紅豆杉被暴風雨連根拔起，露出纏繞在它根部的三十多塊墓地裡的骨骸。

威爾斯的奈文教堂（Nevern）歷史可以追溯到西元六世紀，以種在園裡的歐洲紅豆杉而聞名，它們自從被種下之後

---

150 科林・莫瑞（Colin Murray）和麗茲・莫瑞（Liz Murray），《凱爾特的占卜系統：樹木神諭》（*The Celtic Tree Oracle: A System of Divination*）。

就一直「流血」（根據教會紀錄大約有七百年）。雖然紅豆杉受損時流出樹液並不少見，但疤痕通常很快就癒合，汁液流淌這麼久反而不尋常。一些傳說提出的解釋包括被冤枉犯罪而絞死的無辜僧侶、某位至高王未標記的墳墓，或對世界現狀的同情。

因此，歐洲紅豆杉數世紀以來已經被人們浪漫化，並編織成各種鬼故事。一個特別恐怖的故事發生在約克郡哈利法克斯（Halifax），一名牧師愛上當地的美麗女孩，女孩卻拒絕了他的求愛。被拒絕的牧師惱羞成怒，砍下女孩的頭扔到一棵紅豆杉樹上，頭顱立刻便腐爛了。這個故事沒有真正的結局或宗旨，但也許反映出紅豆杉的毒性。整棵樹——除了果肉——都有毒，而且毒性對其演化並沒有任何實際助益。紅豆杉的葉子或樹皮原本就沒有動物攝食，可是即使是最小的量也會使牲畜和人類死亡。死得毫無理由，似乎正符合哈利法克斯女孩的悲慘結局。

漿果中唯有種子受益於植株的毒性，而這些漿果原則上來說是假種皮，因為它們是包裹種子的變形種皮。假種皮本身無害，而且相當甜，但裡面的種子有一層會引起嘔吐的包覆層。哺乳動物吃下種子之後，帶著消化道裡的種子離開母樹，到樹苗有足夠生存空間和光線的位置之後將種子排泄而出。

對於那些不幸吞下植株，留在體內的除了漿果之外還有其他部分的人或動物來說，死亡會來得迅速且無情。古希臘醫生克羅豐的尼坎德在《毒與解毒劑》中描述了紅豆杉中毒的徵狀：

當苦於紅豆杉汁液時，需快速救援。
痛苦又驚駭的毒液會充斥血管。
舌頭腫起；嘴唇突出，
嘴上生出大瘤，伴以唇乾舌燥的口沫。

牙齦龜裂；心臟急速顫動，

受到毒素侵襲；心跳出奇費力。

尼坎德對紅豆杉毒性的評價並不誇張，但很少有樹會被誤認為是可食用的，因此人類意外中毒的比例很低。然而，歷史上對其危險性的強調引發許多黑暗的謠言：傳說堅稱睡在紅豆杉樹蔭下會生病或死亡[151]，人們甚至相信，若將酒存放在紅豆杉木桶裡會產生毒酒。[152]第二個迷信格外不可能；愛爾蘭的酒桶通常就是由紅豆杉製成（羅伯特・格雷夫斯稱紅豆杉為「葡萄藤的棺材」），對飲酒者沒有已知的損害。

這種樹在較浪漫的傳說中也占有一席之地。墓地是死者的安息之地，但也不可否認地具有一些非常浪漫的氣質：它紀念那些我們可能永遠不知道其生平故事的人、英年早逝者的墳墓、清晨薄霧中哀傷的墓碑形狀。許多與紅豆杉有關的故事都圍繞著命運多舛的戀人以及他們之間死後仍然存在的連結。

一個特別的愛爾蘭傳奇是吟遊詩人菲林（Phelim），他在女兒笛兒綴（Dierdre）出生後得到一則預言，預示許多人將會為了她的美貌進行血腥的戰爭。希望避免流血事件的菲林與阿爾斯特的康納王（King Conor of Ulster）達成協議，後者答應將她藏起來直到成年，然後娶她為妻。然而，笛兒綴漸漸長大，並不想嫁給年長的男人。於是她偷偷溜出軟禁之處，遇見並愛上了英俊年輕的貴族諾以斯（Naoise）。兩人一起私奔到蘇格蘭之後，在那裡幸福地生活了很多年。但是國王震怒於新娘的拒絕，將二人引

---

151 約翰・傑拉德，《大草藥典》。
152 麗由夫人（Mrs C. F. Leyel），《草藥的魔力》（The Magic of Herbs）。

誘回到愛爾蘭，引發了兩個家庭之間的戰爭和許多人的死亡，包括諾以斯本人。

悲痛欲絕的笛兒綴自殺之後，從她的墳墓裡長出一棵紅豆杉。樹木枝椏不斷生長，最後終於到達諾以斯被埋葬的地方，而該處也長出了另一株紅豆杉，兩位戀人便如此又重聚在一起。

這個故事與中世紀崔斯坦和伊索德的傳說有其相似之處，後者死亡後分隔兩地，但是兩座墳墓之間生長的常春藤將他們連在一起；還有芭芭拉・艾倫與愛人威廉藉著野玫瑰叢重新建立了聯繫。

參考書目／延伸閱讀

Addy, Sidney Oldall; *Household Tales with Other Traditional Remains*, 1895

Agrippa, Heinrich Cornelius; *Three Books of Occult Philosophy*, 1533

Allen, David, and Hatfield, Gabrielle; *Medicinal Plants in Folk Tradition: An Ethnobotany of Britain and Ireland*, 2004

Jesus Azcorra Alejos; *Diez Leyendas Mayas*, 1998

Andía, Juan Javier Rivera; *Non-Humans in Amerindian South America: Ethnographies of Indigenous Cosmologies, Rituals and Songs*, 2018

Andrews, Jean; P*eppers: The Domesticated Capsicums*, 1995

Arnaudov, Mihail; *Snapshots of Bulgarian Folklore*, 1968

Awolalu, J Omosade; *Yoruba Beliefs and Sacrificial Rites*, 1979

Baker, Margaret; *Folklore and Customs of Rural England*, 1974

Baigent, Francis and Millard, James; *A History of the Ancient Town and Manor of Basingstoke*, 1889

Barber, Paul; *Vampires, Burials, and Death: Folklore and Reality*, 1988

Batchelor, John; *The Ainu and Their Folklore*, 1901

Beckwith, Martha; *Notes on Jamaican Ethnobotany*, 1927

Bedwell, Wilhelm; *Brief History of Tottenham*, 1631

Bergen, F. D.; *The Journal of American Folklore Vol. 2*, 1889

Bennett, Jennifer; *Lilies of the Hearth: The Historical Relationship Between Women and Plants*, 1991

Beverley, Robert; *History and Present State of Virginia*, 1705

Beza, Marcu; *Paganism in Romanian Folklore*, 1928

Boguet, Henri; *Discours Exécrable des Sorciers/An Examen of Witches*, 1602

Borza, Alexandru; *Ethnobotanical Dictionary*, 1965

Bottrell, William; *Stories and Folk-Lore of West Cornwall*, 1880

Boyer, Corinne; *Plants of the Devil*, 2017

Breitenberger, Barbara; *Aphrodite and Eros: The Development of Greek Erotic Mythology*, 2007

Brighetti, A; *From Belladonna to Atropine, Historical Medical Notes*, 1966

Briggs, Katharine; *An Encyclopedia of Fairies*, 1976

Brook, Richard; *New Cyclopaedia of Botany and Complete Book of Herbs*,

1854

Brown, Michael; *Death in the Garden*, 2018

Browne, Ray; *Popular Beliefs and Practices from Alabama*, 1958

Burton, Robert; *The Anatomy of Melancholy*, 1621

Carleton, William; *Traits and Stories of the Irish Peasantry*, 1834

Carrington, Dorothy; *The Dream-Hunters of Corsica*, 1995

Chambers, Robert; *Popular Rhymes of Scotland*, 1826

Christenson, A J; *Popol Vuh: Sacred Book of the Quiché Maya People*, 2007

Clark, H. F.; *The Mandrake Fiend*, 1962

Coles, William; *Adam in Eden*, 1657

Corner, George; *The Rise of Medicine at Salerno in the Twelfth Century*, 1933

Cousins, William Edward; *Madagascar of Today: A Sketch of the Island, with Chapters on its Past*, 1895

Crescenzi, Pietro de; *Ruralia Commoda*, 1304—1309

Daniels, Cora Linn, and McClellan Stevans, Charles; *Encyclopaedia of Superstitions, Folklore, and the Occult Sciences of the World*, 1903

Dauncey, Elizabeth, and Larsson, Sonny; *Plants That Kill: A Natural History of the World's Most Poisonous Plants*, 2018

Davis, Wade; *The Serpent and the Rainbow*, 1985

Davis, Wade; *Passage of Darkness: The Ethnobiology of the Haitian Zombie*, 1988

de los Reyes, Isabelo; *El Folk-Lore Filipino*, 1889

Debrunner, Hans Werner; *Witchcraft in Ghana: A Study on the Belief in Destructive Witches and its Effect on the Akan Tribes*, 1961

Duffy, Martin; *Effigy: Of Graven Image and Holy Idol*, 2016

Dwelley, Edward; *Dwelley's Illustrated Scottish-Gaelic Dictionary*, 1990

Dyer, Thiselton; *The Folk-Lore of Plants*, 1889

Eberhart, George; *Mysterious Creatures: A Guide to Cryptozoology*, 2002

Emboden, William; *Bizarre Plants: Magical, Monstrous, Mythical*, 1974

Evans-Wentz, Walter; *The Fairy-Faith in Celtic Countries*, 1911

Fernie, William Thomas; *Herbal Simples Approved for Modern Uses of Cure*, 1895

Folkard, Richard; *Plant Lore, Legends, and Lyrics: Embracing the Myths, Traditions, Superstitions, and Folk-Lore of the Plant Kingdom*, 1892

Frazer, James; *Jacob and the Mandrakes*, 1917

Friend, Hilderic; *Folk-Medicine: A Chapter in the History of Culture*, 1883

Gårdbäck, Johannes Björn; *Trolldom: Spells and Methods of the Norse Folk Magic Tradition*, 2015

Gary, Gemma; *The Black Toad: West Country Witchcraft and Magic*, 2016

Gibson, Marion; *Witchcraft and Society in England and America, 1550-1750*, 2003

Gifford, George; *A Dialogue Concerning Witches and Witchcrafts*, 1593

Gillam, Frederick; *Poisonous Plants in Great Britain*, 2008

Gillis, W. T.; *The systematics and ecology of poison-ivy and the poison-oaks*, 1960

Ginzburg, Carlo; *The Night Battles: Witchcraft and Agrarian Cults in the Sixteenth and Seventeenth Centuries*, 1983

Gooding, Loveless, and Proctor; *Flora of Barbados*, 1965

Graves, Robert; *The White Goddess*, 2011

Grieve, Maude; *A Modern Herbal*, 1931

Guazzo, Francesco Maria; *Compendium Maleficarum*, 1608

Hageneder, Fred; *The Meaning of Trees*, 2005

Haining, Peter; *The Warlock's Book: Secrets of Black Magic from the Ancient Grimoires*, 1971

Harkup, Kathryn; *A is for Arsenic: The Poisons of Agatha Christie*, 2015

Harvey, Steenie; *Twilight Places: Ireland's Enduring Fairy Lore*, 1998

Hatsis, Thomas; *The Witches' Ointment: The Secret History of Psychedelic Magic*, 2015

Heath, Jennifer; *The Echoing Green: The Garden in Myth and Memory*, 2000

Henderson, William; *Folklore of the Northern Counties of England and the Borders*, 1879

Hill, Thomas; *Source of Wisdom: Old English and Early Medieval Latin Studies*, 2007

Hooke, Della; *Trees in Anglo-Saxon England: Literature, Lore and Landscape*, 2010

Humphrey, Sheryl; *The Haunted Garden: Death and Transfiguration in the Folklore of Plants*, 2012

Hurston, Zora Neale; *Tell My Horse: Vodoo and Life in Haiti and Jamaica*, 1938

Huxley, Francis; *The Invisibles: Vodoo Gods in Haiti*, 1969

Johnson, Charles; *British Poisonous Plants*, 1856

Johnson, William Branch; *Folk tales of Normandy*, 1929

Josselyn, John; *New-England's Rarities Discovered in Birds, Beasts, Fishes, Serpents, and Plants of That Country*, 1672

Kaufman, David B.; *Poisons and Poisoning Among the Romans*, 1932

Kennedy, James; *Folklore and Reminiscences of Strathtey and Grandtully*, 1927

Kingsbury, John; *Poisonous Plants of the United States and Canada*, 1964

Knowlton, Timothy and Vail, Gabrielle; *Hybrid Cosmologies in Mesoamerica: A Reevaluation of the Yax Cheel Cab, a Maya World Tree*, 2010

Kuklin, Alexander; H*ow do Witches Fly? A Practical Approach to Nocturnal Flights*, 1999

Kvideland, Reimund and Sehmsdorf , Henning; *Scandinavian Folk Belief and Legend*, 1988

Lane, Edward William; *An Account of the Manners and Customs of the Modern Egyptians*, 1836

Jonas Lasickis; *Concerning the Gods of Samogitians, other Sarmatian and False Christian Gods*, 1615

Lawrence, Berta; *Somerset Legends*, 1973

Lea, Henry Charles; *Materials Toward a History of Witchcraft*, 1939

Leland, Charles; *Gypsy Sorcery and Fortune Telling*, 1891

Leyel, C. F.; *The Magic of Herbs*, 1926

Lockwood, T. E.; *The Ethnobotany of Brugmansia*, 1979

Lopez, Javier Ocampo; *Mitos, Leyendas y Relatos Colombianos*, 2006

Mabey, Richard; *Flora Britannica*, 1996

Mac Coitir, Niall; *Irish Trees: Myth, Legend and Folklore*, 2003

Máchal, Jan; *The Mythology of all Races. III, Celtic and Slavic Mythology*, 1918

MacGregor, Alasdair Alpin; *The Peat-Fire Flame: Folk-Tales & Traditions of the Highlands & Islands*, 1937

MacInnis, Peter; *A Brief History of Poisons*, 2004

Marren, Peter; Mushrooms: *The Natural and Human World of British Fungi*, 2018

McClintock, Elizabeth, and Fuller, Thomas; *Poisonous Plants of California*, 1986

Philip Miller; *The Gardeners Dictionary: Containing the Best and Newest Methods of Cultivating and Improving the Kitchen, Fruit, Flower Garden, and Nursery*, 1731

Millspaugh, Charles Frederick; *American Medicinal Plants*, 1887

Mooney, James; *History, Myths, and Sacred Formulas of the Cherokees*, 1981

Muller-Ebeling, Claudia, and Ratsch, Christian; *Witchcraft Medicine: Healing Arts, Shamanic Practices, and Forbidden Plants*, 2003

Multedo, Roccu; Le '*Mazzerisme' et le Folklore Magique de la Corse*, 1975

Murray, Colin and Murray, Liz; *The Celtic Tree Oracle: A System of Divination*, 1988

Murray, Margaret; *The Witch-Cult in Western Europe*, 1921

Otto, Walter; *Dionysus: Myth and Cult*, 1965

Parkinson, John; *Theatrum Botanicum*, 1640

Paterson, Jacqueline *Memory; Tree Wisdom*, 1996

Phillips, Henry; *Flora Historica*, 1829

Pollington, Stephen; *Leechcraft: Early English Charms, Plant Lore, and Healing*, 2008

Poole, Charles Henry; *The Customs, Superstitions, and Legends of the County of Somerset*, 1877

Porter, Enid; *Cambridgeshire Customs and Folklore*, 1969

Porteus, Alexander; *The Forest in Folklore and Mythology*, 2001

Pratt, Christina; *An Encyclopedia of Shamanism*, 2006

Prior, R. C. A.; *On the Popular Names of British Plants*, 1870

Raffles, Sir Thomas Stamford; *The History of Java*, 1817

Randolph, Vance; *Ozark Magic and Folklore*, 1947

Rätsch, Christian, Müller-Ebeling, Claudia, and Storl, Wolf-Dieter; *Witchcraft Medicine: Healing Arts, Shamanic Practices, and Forbidden Plants*, 1998

Rätsch, Christian, and Müller-Ebeling, Claudia; *Pagan Christmas: The Plants, Spirits, and Rituals at the Origins of Yuletide*, 2006

Ricciuti, Edward; *The Devil's Garden: Facts and Folklore of Perilous Plants*, 1978

Robb, George; *The Ordeal Poisons of Madagascar and Africa*, 1957

Russell, Claire and Russell, William Moy Stratton; *The Social Biology of the Werewolf Trials*, 1989

Schulke, Daniel; *Veneficium (Second and Revised Edition)*, 2012

Schultes, Richard Evans; *The Plant Kingdom and Hallucinogens Part III*, 1970

Schultes, Richard Evans; *Plants of the Gods: Their Sacred, Healing, and Hallucinogenic Powers*, 1998

Sébillot, Paul; *Le Folk-Lore De France: La Faune Et La Flore*, 1906

Šeškauskaitė, Daiva; *The Plant in the Mythology*, 2017

Seymour, St John; *Irish Witchcraft and Demonology*, 1913

Shah, Idries; *The Secret Lore of Magic*, 1972

Sibley, J. T; *The Way of the Wise: Traditional Norwegian Folk and Magic Medicine*, 2015

Simoons, Frederick; *Plants of Life, Plants of Death*, 1998

Skinner, Charles; *Myths and Legends of Flowers, Trees, Fruits and Plants*, 1991

Spence, Lewis; *The Magic Arts in Celtic Britain*, 1949

Spencer, Mark; *Murder Most Florid, Inside the Mind of a Forensic Botanist*, 2019

Standley, Paul and Steyermark, Julian; *Flora of Guatemala*, 1946

Stevens-Arroyo, Antonio; *Cave of the Jagua: The Mythological World of the Tainos*, 1988

Stridtbeckh, Christian; *Concerning Witches, and those Evil Women who Traffic with the Prince of Darkness*, 1690

Taylor, Alfred; *Principles and Practice of Medical Jurisprudence*, 1865

Thiselton-Dyer, William; *The Flora of Middlesex*, 1869

Threlkeld, Caleb; *Synopsis Stirpium Hibernicarum*, 1729

Tompkins, Peter, and Bird, Christopher; *The Secret Life of Plants*, 1974

Tongue, Ruth; *Forgotten Folk-Tales of the English Counties*, 1970

Toynbee, Jocelyn; *Death and Burial in the Roman World*, 1971

Trevelyan, Marie; *Folk-Lore and Folk Stories of Wales*, 1909

Turner, Nancy and Bell, Marcus; *The Ethnobotany of the Coast Salish Indians of Vancouver Island*, 1971

Turner, William; *A New Herball: Parts II and III*, 1568

Tynan, Katharine and Maitland, Frances; *The Book of Flowers*, 1909

Various; *A Collection of Rare and Curious Tracts Relating to Witchcraft in the Counties of Kent, Essex, Suffolk, Norfolk, and Lincoln, Between the Years 1618 and 1664*, 1838

Vickery, Roy; *A Dictionary of Plant-Lore*, 1995

Vickery, Roy; *Vickery's Folk Flora: An A-Z of the Folklore and Uses of British and Irish Plants*, 2019

von Humboldt, Alexander; *Cosmos: A Sketch of a Physical Description of the Universe*, 1845

Wade, Davis; *The Serpent and the Rainbow and Passage of Darkness: The Ethnobiology of the Haitian Zombie*, 1985

Wasson, Valentina Pavlovna; *Mushrooms, Russia, and History*, 1957

Watts, Donald; *Dictionary of Plant Lore*, 2007

Webster, David; *A Collection of Rare and Curious Tracts Relating on Witchcraft and the Second Sight*, 1820

Weiner, Michael; *Earth Medicine – Earth Foods: Plant Remedies, Drugs and Natural Foods of the North American Indians*, 1971

Wellcome, Henry Solomon; *Anglo-Saxon Leechcraft: An Historical Sketch of Early English Medicine; Lecture Memoranda*, 1912

Wells, Diana; *Lives of the Trees: An Uncommon History*, 2010

Westwood, Jennifer and Kingshill, Sophia; *The Lore of Scotland: A Guide to Scottish Legends*, 2009

Wilde, Jane; *Ancient Legends, Mystic Charms, and Superstitions of Ireland*, 1902

Wood, J. Maxwell; *Witchcraft and Superstitious Record in the South-Western District of Scotland*, 1911

Woodward, Ian; *The Werewolf Delusion*, 1979

Woodyard, Chris; *The Victorian book of the dead*, 2014

Wright, Elbee; *Book of Legendary Spells: A Collection of Unusual Legends from Various Ages and Cultures*, 1974

索引

（依筆畫順序）

Mirror 028

詛咒與毒殺：植物的黑歷史
BOTANICAL CURSES AND POISONS:
THE SHADOW-LIVES OF PLANTS

國家圖書館出版品預行編目 (CIP) 資料

詛咒與毒殺：植物的黑歷史 / 菲絲.印克萊特 (Fez Inkwright) 著；杜蘊慧譯. -- 初版.
-- 臺北市：天培文化有限公司出版：九歌出版社有限公司發行, 2022.08
　面；　公分. -- (Mirror ; 28)
譯自：Botanical curses and poisons : the shadow lives of plants.
ISBN 978-626-96096-5-9(平裝)

1.CST: 有毒植物

376.22　　　111010396

作　　者 —— 菲絲·印克萊特（FEZ INKWRIGHT）
譯　　者 —— 杜蘊慧
責任編輯 —— 莊琬華
發 行 人 —— 蔡澤松
出　　版 —— 天培文化有限公司
　　　　　　台北市 105 八德路 3 段 12 巷 57 弄 40 號
　　　　　　電話／ 02-25776564 · 傳真／ 02-25789205
　　　　　　郵政劃撥／ 19382439
九歌文學網　www.chiuko.com.tw
印　　刷 —— 晨捷印製股份有限公司
法律顧問 —— 龍躍天律師 · 蕭雄淋律師 · 董安丹律師
發　　行 —— 九歌出版社有限公司
　　　　　　台北市 105 八德路 3 段 12 巷 57 弄 40 號
　　　　　　電話／ 02-25776564 · 傳真／ 02-25789205
初　　版 —— 2022 年 8 月
定　　價 —— 450 元
書　　號 —— 0305028
I S B N —— 978-626-96096-5-9
　　　　　　9786269609666（PDF）

BOTANICAL CURSES AND POISONS: THE SHADOW-LIVES OF PLANTS by FEZ INKWRIGHT
Copyright: © 2021 by FEZ INKWRIGHT
This edition arranged with Liminal 11 Limited
through BIG APPLE AGENCY, INC., LABUAN, MALAYSIA.
Traditional Chinese edition copyright:
2022 TEN POINTS PUBLISHING CO., LTD.
All rights reserved.